図解・内臓の進化

形と機能に刻まれた激動の歴史

岩堀修明　著

ブルーバックス

カバー装幀／芦澤泰偉・児崎雅淑

カバーイラスト／安斉　将

本文デザイン／齋藤ひさの
(STUDIO BEAT)

本文図版／岩堀修明

構成／市原淳子

はじめに

内臓とは、体内にある器官系のうち、呼吸器系、消化器系、泌尿器系、生殖器系、内分泌系の５つを一括したものである。しかし、これらは発生のしかたも、形態も、機能も、まるで違っている。異質な器官系をひとまとめにして「内臓」と呼んでいるのである。

わが国は長い間、東洋医学の強い影響下にあり、人体には「五臓六腑《ごぞうろっぷ》」が収まっていると考えてきた。だが、そこには実際には存在しない器官まであり、いわば観念にもとづく内臓観であった。

16世紀になって西洋医学の情報が入ってくるにつれ、わが国の医師たちにも、東洋医学への疑問が生じてきた。宝暦４年（1754年）に山脇東洋が刑死体を解剖し、明和８年（1771年）には杉田玄白、前野良沢、中川淳庵らが「腑分《ふわ》け」を見学して、五臓六腑説が実際の所見とは著しく違うことに驚嘆している。これが契機となって、『ターフェル・アナトミア』の翻訳が始められ、３年半もの苦闘を経て『解体新書』という労作ができあがった。わが国の「解剖学」は『解体新書』の完成によって始まったのであり、五臓六腑説と袂を分かつ「内臓学」もまた、このときが端緒となったのである。

ところが、わが国の先駆者たちが範とした西洋医学にも、確固とした内臓観があるわけではなかった。最初は体の中にあるものすべてを内臓と呼んでいたが、その言葉の指す範囲は時代とともに、そのときの慣例に従って変化してきた。

このように内臓というものの概念は、東洋医学のように観念的であったり、西洋医学のように慣例的であったりと、決して理論的なものではない。5つの器官系を統括するような理念といえるものはなく、著しく統一性を欠いている。

だが一方で、医学部6年間の課程で大きな割合を占める解剖学の授業のうち、約7割は内臓に関する授業であり、実習である。内臓はさまざまな病気の巣窟であり、臨床医学の授業でも、内臓に関する科目が大きな時間を占めている。人体の中で内臓が大きな比重を占めていることは、確かなのである。

ここで内臓について実感をもっていただくために、ホルマリン処理したラットを解剖する場面を想像していただこう。

腹部の前腹壁を除去すると、腹腔の中に消化管が、盛り上がるように、びっしりと詰まっている。右上部には大きな肝臓があり、左上部には赤黒い色をした小さな脾臓が見える。

消化器系全体を取り出してみる。体長25cmほどのラットでも、そのボリュームは握り拳ほどもある。動物にとって食物を消化し、栄養分を吸収するということは、とてつもなく大きなスペースを必要とする仕事なのだと実感できる。

消化器系を取り出し、空になってしまった腹腔には、後腹壁に押しつけられるように、泌尿器系の腎臓がへばりついている。大きさは親指の爪ほどしかない。ラットがメスならば、腎臓とともに生殖器も見える（オスの生殖器系の主要部分は陰嚢の中にある）。メスの生殖器系は子宮、卵管、そしてその先にある米粒大の卵巣である。消化器系の圧倒的なボリュームに比べると、泌尿器系も生殖器系も、非常に小さく感じられる。

次に、胸部を見よう。前胸壁を除去し、正中部の胸腺を取り去ると、中央に心臓を含んだ縦隔《じゅうかく》があり、その左右に呼吸器系の肺が入っている。表面が滑らかで、柔らかいスポンジのような感触のそれには、消化器系のようなインパクトはない。肺を取り去り、縦隔と横隔膜を除去すると、残るのは胸壁と腹壁だけである。これらは皮膚、筋、骨でできた薄い壁であり、内臓を覆い隠すカバーでしかない。体の主役は、内臓なのだ。

内臓を知るための最良の方法は、自分の手で実際に触り、自分の眼で実際に観察することである。これまで私は多くの方々のご好意により、たくさんの動物の体に接することができた。その結果得られた内臓についての所見をまとめたら、私なりの「内臓学」ができるかもしれない。そう考えて精力的に取り組んでみたのだが、実際に作業を始めてみると、内臓は想像以上に変化に富み、統一性のないものだった。

内臓を構成する器官系の構造や機能を逐一記載していくだけでは、まとまりのないものになってしまう可能性がある。そこで本書では、ヤツメウナギなどの円口類から私たちを含む哺乳類まで、脊椎動物の進化を時間軸におき、内臓を構成する器官系がさまざまな環境の変化にどう対応してきたのか、その軌跡に重点を置いてまとめてみた。

さらに、脊椎動物の内臓とは違った、異質の内臓がありうるのかどうかを知るために、昆虫類の内臓を観察してみた。

この本で最終的に私がめざしたのは、ヒトの内臓をよりよく知っていただくことである。本書を読んでくださった皆様が、内臓の意義を理解し、内臓に興味をもってくだされば幸せである。

なお、本書の用語は『学術用語集 動物学編』（日本動物学会編）、『解剖学用語』（日本解剖学会編）、『生理学用語集』（日本生理学会編）に準拠した。

もくじ

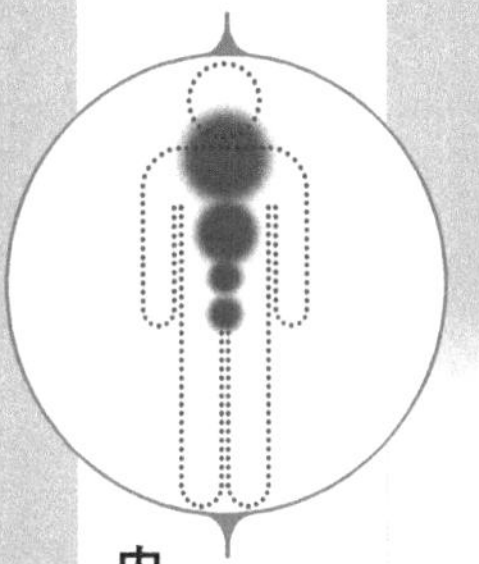

第1章 内臓の基礎知識

動物の体から内臓を取り出すと、「ヌケガラ」のようになってしまう。
内臓があってはじめて、動物の体は動物らしくなる。

▸▶▶ 内臓は体の「主役」である

内臓とは「体の内部にある臓器」という意味である。体の内部にあるために内臓は目立たない存在であり、私たちは病気にでもならなければ、その存在を感じることは比較的少ない。

しかし内臓は、呼吸をする、食物を消化して栄養分を吸収する、老廃物を尿などにして排出する、子孫を残すなど、動物にとって重要な多くの機能を受けもっている。内臓が昼夜を分かたずはたらいてくれているおかげで、私たちは健康で快適な生活を送ることができる。実は内臓こそは、動物の体の「主役」なのである。本書では、目立たない主役に光を当ててみたい。

その手始めに、内臓について基本的なことを知っておこう。

▸▶▶ 細胞→組織→器官→器官系

動物体を構成する基本単位は「細胞」である。たとえばヒトの体は、約60兆個の細胞より構成されている。ただし、細胞が漠然と集まるだけでは、生物の体はできない。生物として成立するためには、形態と機能が異なった、つまり特殊化した細胞ができ、それらが集まって、特定のはたらきを受けもたなければならない。同じ起源の細胞から、形態と機能の異なる細胞ができることを「細胞の分化」という。分化した細胞には①運動できる、②自己と非自己を識別できる、③同種の細胞が接着して集団をつくるという性質がある。細胞が接着しあうことは、多細胞動物ができるうえで重要である。

同じ形態と機能をもつ細胞の集団を「組織」という。組織は、それぞれに固有の細胞要素と、その間を埋める「細胞間質」で構成される。細胞間質は細胞からつくられ、隣接する細胞どうしの隙間を充たしている。細胞がレンガだとすると、細胞間質はレンガの間を埋めるパテであり、パテのはたらきで複数のレンガが積み重なり、1枚の壁（＝組織）が形成される。

組織はそれを構成する細胞の形態や、配列様式、機能などから、次の4種類に分けられる。

上皮組織：体表や、中腔性《ちゅうくうせい》器官（気管や腸管などの、内部が空洞の器官）の内表面（内部の表面）などを覆う。

支持組織：体内に広く分布し、隣接する組織を結合したり、身体を支えたりする。

筋組織：筋線維が集まってつくられ、手や足のほか、心臓や消化管などを収縮・弛緩させて中の血液や食物を動かす。

神経組織：神経系を構成し、体のさまざまなはたらきを制御している。

しかし、生体で組織が単独で存在することは稀である。多くの場合、いくつかの組織が接着し、一定の形態と機能をもった「器官」を形成している。たとえば胃は、上皮組織、支持組織、筋組織、神経組織が一定の規律で集まってできた器官である。肺や腎臓も、いくつかの組織が集まってできた器官である。どのような組織で構成されるかは、器官によって異なる。

さらに、いくつかの器官は集まって、ある特定の機能を果たす「器官系」を構成する。生物の体は、これらの器官系が集まってつくられているのである。

▸▶▶ さまざまな器官系

主要な器官系には、次のようなものがある。

骨格系：体の支柱をつくる。頭蓋骨、脊柱、上肢骨、下肢骨などから構成される。

筋系：さまざまな運動を司る。頭部の筋、上肢筋、下肢筋などからなる。

循環器系：血液やリンパを循環させて、栄養分や老廃物などを運搬する。心臓や血管などからなる。

生体防御系：病原微生物の侵入を防ぎ、排除するシステムで、白血球が中心となっている。

内分泌系：ホルモンを分泌し、各器官のはたらきを調整する。下垂体、甲状腺、副腎などから構成される。

呼吸器系：酸素を取り入れ、炭酸ガスを排出する。鼻腔、喉頭、気管、肺などよりなる。

消化器系：食物を消化し、栄養分を吸収する。口腔、咽頭、食道、胃、小腸、大腸、肝臓、膵臓などより構成される。

泌尿器系：老廃物や水などを排出する。腎臓、尿管、膀胱などから構成される。

生殖器系：生殖を司る。内生殖器と外生殖器よりなる。

神経系：各器官と連絡し、そのはたらきを調整する役割を果たす。中枢神経系と末梢神経系よりなる。

感覚器系：体の周囲や体内の変化を感知する。眼、耳、鼻などがある。

これらの器官系は、その機能にもとづいて「植物性器官系」と「動物性器官系」とに大別できる。植物性器官系とは、栄養の摂取、呼吸、生殖など、動物にも植物にも共通して認められる「植物性機能」を受けもつ器官系のことをいい、循環器系、内分泌系、呼吸器系、消化器系、泌尿器系、生殖器系などが含まれる。動物性器官系とは、とくに動物で著しく発達している「動物性機能」を受けもつ器官系のことをいい、筋系、感覚器系、神経系などが含まれる。

内臓を構成する５つの器官系

これらの器官系は、まだ動物体をつくる器官についての知識が乏しかった時代に、体内の腔所《くうしょ》（空洞）である「体腔《たいくう》」の中にある器官系と、骨格系や筋系など体の外壁を構成する器官系の２つに大別された。そして、体腔の中にある器官系を「内臓」と総称した。いわば動物の体を“包むもの”と“包まれるもの”とに分けて、包まれるものを内臓と呼んだのである。

だが、内臓の概念は東洋医学と西洋医学では異なっている。東洋医学では、体内には「五臓六腑」があるとされてきた。五臓とは心・肝・脾・肺・腎を指し、六腑は胃・小腸・大腸・胆嚢・膀胱、三焦だが、三焦が何を指すかは明らかではない。

西洋医学では、もともとは体の内部にある器官すべてを内臓と呼んでいたが、その言葉が指す範囲は、時代とともに次第に狭くなってきた。現在では、**「呼吸器系」「消化器系」「泌尿器系」「生殖器系」「内分泌系」**の５つの器官系を一括して内臓と呼ぶ。本書でも、この見方に準拠している。

なお、わが国では、体内にあるもの、とくに鳥、獣、魚などのそれらを「臓腑《ぞうふ》」または「臓物《ぞうもつ》」と呼んだ。現在でも「もつ料理」、「もつ鍋」という言葉が残っている。臓腑のうち、大腸を「腹綿《はらわた》」、小腸のことは「細腸《ほそわた》」といった。

内臓があるから動物らしくなる

５つの器官系で構成される内臓の、全体としての特徴は何だろうか。形態学的には、体の内部にある器官系である。しかし、体内の器官系でも心臓や脾臓など、内臓に含まれないものは多い。また、機能的には、いずれも植物性器官系である。だ

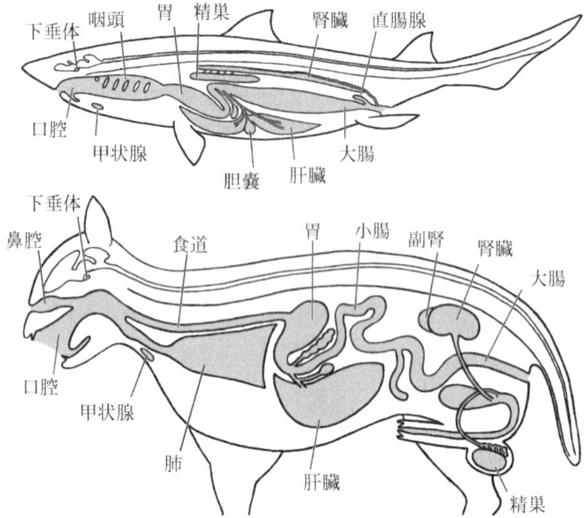

図1-1　内臓の概観（グレーの部分が内臓：Kühnを改変）
上：軟骨魚類（オス）　下：哺乳類（オス）
内臓は動物体の大きな領域を占めている

が、同じ植物性器官系でも循環器系は、内臓には含まれない。

つまり、やや歯切れは悪くなるが、内臓とは体の内部にある植物性器官系の一部のことを指す、というほかないのである。

確かにいえるのは、内臓は動物体で大きな領域を占めているということである（図1-1）。動物を解剖していて、内臓を取り出してしまうと、あとはヌケガラのようなものになってしまう。内臓が体の中に入っていてはじめて、動物の体はそれらしくなる。やはり、内臓は動物体の主役なのだ。

ではこれから、内臓がどのように生まれ、進化してきたかをたどっていくことにしたい。そこには、さまざまな動物が厳しい環境に耐え、ほかの動物から一歩でも先んじようと工夫を凝らしてきた痕跡が、はっきりと認められる。

2

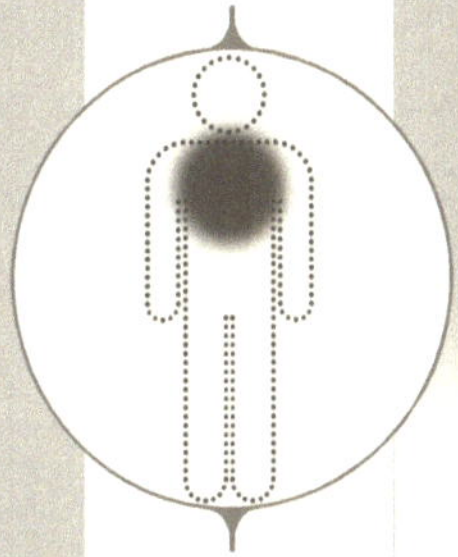

第2章 呼吸器系の進化

動物たちが水中から陸上へと進出したとき、
水呼吸から空気呼吸へ、
鰓から肺へという一大変革が始まった。

生体に必要な酸素を外界から取り入れ、生命活動の結果できた炭酸ガスを外に排出するための器官系を「呼吸器系」という。現生の多くの水棲動物にとって主要な呼吸器官は「鰓《えら》」であり、一方、陸棲動物は「肺」で呼吸している。

原始的な段階の動物には、呼吸専用の器官はなかった。呼吸には体全体の皮膚が使われていたと考えられている。

やがて、呼吸専用の器官が体の一部に限定してつくられ、鰓という巧妙なシステムができあがった。さらに、水棲動物の一部が陸に上がったとき、呼吸器系の歴史でもっともダイナミックな変化が起こった。

1 鰓のはじまり

呼吸とは「化学的に複雑なものを、簡単なものに分解することでエネルギーを得るはたらき」である。複雑なものにはブドウ糖などがあり、簡単なものには水や炭酸ガスがある。

内呼吸と外呼吸

動物の体は、多くの細胞からできている。動物が生きていくためには、細胞が活動し、それぞれの役割を果たさなければならない。そのためのエネルギーを細胞の中で得るはたらきを、「内呼吸」という。内呼吸では、複雑なものを簡単なものに分解する際に、酸素が使われることが多い。

内呼吸に必要な酸素は、外界から取り入れなければならない。一方で、細胞が酸素を使って活動をすると、エネルギーだけでなく、炭酸ガスも産生される。これは動物にとって不要であり、外界に排出しなければならない。外界から酸素を取り入れ、炭酸ガスを排出するはたらきを「外呼吸」という。

呼吸器系とは鰓や肺など、外呼吸に使われる器官系のことをいう（図2-1）。

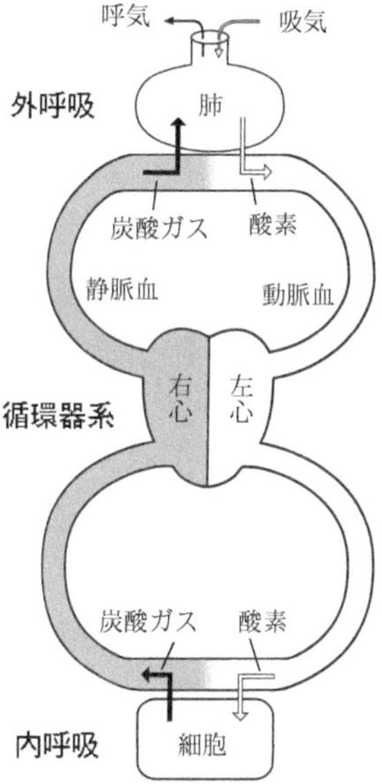

図2-1　外呼吸と内呼吸
外呼吸は鰓や肺で、内呼吸は細胞で行われる。その間には循環器系が介在している

呼吸器系と循環器系の関わり

呼吸は肺や鰓などの呼吸器系だけでできるものではない。酸素や炭酸ガスの“運搬役”がいて、はじめて可能になるのである。

呼吸器系で取り入れた酸素は、血液によって運ばれ、細胞に渡される。内呼吸により産生された炭酸ガスも、血液中に溶けた形で呼吸器系まで運ばれ、鰓や肺から外界に排出される。このように呼吸器系での「ガス交換」（酸素と炭酸ガスの交換）は、血液を介して行われる。酸素や炭酸ガスをはじめ、栄養や老廃物などを運搬するシステムが「循環器系」である。呼吸は呼吸器系と循環器系があってはじめて可能になるのである。

ただし、第１章で述べたように、循環器系は内臓には含まれない。

鰓がつくられる過程

原始的な時代には、動物は皮膚で呼吸していたと考えられるが、進化の過程で、次第に呼吸専用の器官ができてきた。

さまざまな器官は、それがどのようにしてできてくるのかを知ると、構造が非常に理解しやすくなる。そこで、まず鰓呼吸をする動物の卵が受精してから成体になるまでに、鰓がどのようにできてくるかを見てみよう。受精卵が個体まで成長する過程を「発生」といい、この間の動物体を「胚」という。

鰓の発生過程を見ると、鰓のもとになったのは「咽頭嚢《いんとうのう》」と呼ばれるくぼみであることがわかる（図2-2)。

咽頭嚢とは、発生の初期に、咽頭の内表面（内側の表面）に一定の間隔をおいてできるくぼみである。

やがて、内表面の咽頭嚢に対応して、外表面にも「咽頭溝」

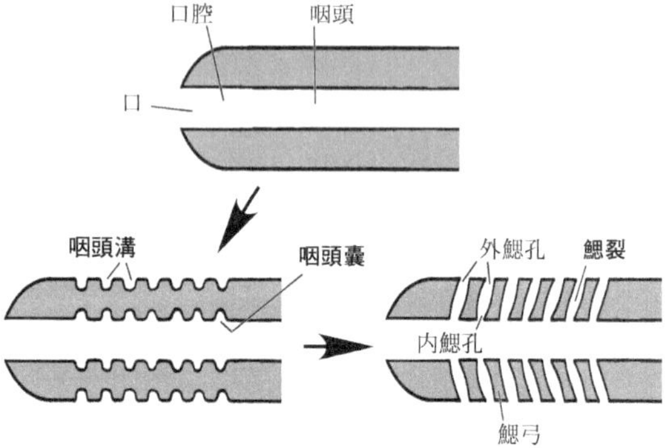

図2-2　**鰓の発生**（Smithを改変）
咽頭の内壁に咽頭嚢ができると、これに対応して外表面に咽頭溝が形成される。両者は次第に深くなって最終的につながり、鰓裂が形成される。隣接する鰓裂の間の領域を鰓弓という

というくぼみが形成される。発生が進むと、咽頭嚢と咽頭溝は次第に深くなり、ついにはつながって「鰓裂《さいれつ》」という孔《あな》が開き、咽頭の内腔と外界がつながる。

鰓裂の外方の出口を「外鰓孔《がいさいこう》」、内方の出口を「内鰓孔《ないさいこう》」と呼ぶ。隣り合った鰓裂の間にある領域は「鰓弓《さいきゅう》」と呼ばれる。鰓は鰓弓の壁に形成された。

▸▶▶ 鰓は「餌の捕獲装置」だった

鰓弓はもともと、濾過《ろか》装置だったと考えられている。

川に棲むヤツメウナギの幼生であるアンモシーテスは、体を川底の土に埋没させ、頭の先端だけを水中に出して生活している（図2-3）。この動物は呼吸のために口から水を吸い込み、それを鰓裂から出すときに、鰓弓に引っかかったプランクトンなどを餌としている。

このようにして餌をつかまえることを「濾過食」という。鰓

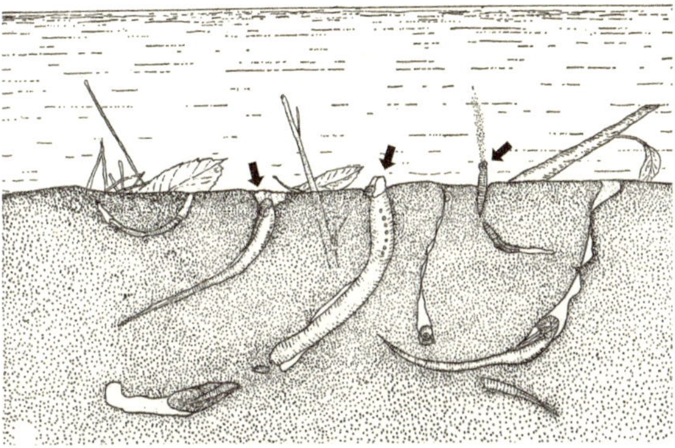

図2-3　水底で生活するアンモシーテス（矢印）
（Applegateを改変）

裂とは最初は、水を濾過して餌を捕獲するためにできた装置だったのだろう。

鰓裂には、たえず新鮮な水が流れこむ。その水流を利用して酸素と炭酸ガスを交換する装置がここにでき、餌の捕獲装置である鰓は、呼吸器としても用いられるようになった。

その後、多くの魚類は大きな口をもつようになったため、濾過食をしなくても十分に餌がとれるようになった。その結果、鰓は呼吸専用の器官になったと考えられる。

▸▶▶ 水呼吸の大きなハンディ

鰓呼吸をする動物は、口から水を取り込み、鰓裂から出す。水が鰓裂を通る間に、鰓にあるたくさんの毛細血管を通る血液と、鰓裂を流れる水との間で、ガス交換が行われる。

このように鰓呼吸は、水を呼吸媒体とする呼吸だが、水は酸素の供給源としては、のちの肺呼吸の媒体となる空気に比べて非常に劣っている。その理由はまず、水の酸素含有量が、空気に比べて少ないことである。

水の酸素含有量は温度により異なるが、15℃のときに1ℓあたり7mℓで、25℃になると5.8mℓに減少する。大気1ℓあたりの酸素含有量209mℓに比べると、はるかに少ない。

また、水の粘性は常温で空気の100倍、比重は空気の1000倍にも達する。つまり、水は空気に比べると、吸い込んだり、体内で移動させたりするのがとても面倒な物質なのだ。さらに、水中での酸素の拡散速度は、空気中の50万分の1と著しく遅いため、水全体に酸素がいきわたるのにも時間がかかる。

このため、魚類は多大なエネルギーを費やして、比重と粘性の大きい水を動かし、鰓にたえず新鮮な水を供給している。さらに、呼吸表面を大きくするなど、酸素を抜かりなく吸収する工夫も施している（くわしくは後述）。

その結果、鰓はそこを通過する水に含まれる酸素の約80%を利用できるようになった。ヒトは空気に含まれる酸素のたった25%しか利用していないことに比べると、利用効率は格段に優れているといえる。

ただし、炭酸ガスは水に非常に溶けやすいので、その排出については空気呼吸よりも有利である。

2 さまざまな鰓

ここで、現在の動物がどんな鰓をもっているかを具体的に見ていきたい。鰓呼吸をする脊椎動物には、円口類、魚類および両棲類の幼生がいる。

円口類の鰓

円口類はもっとも原始的な脊椎動物で、ヌタウナギ類とヤツメウナギ類がいる。どちらもウナギに似た細長い体形をしているが、進化の系統上は魚類であるウナギが出現するはるか以前に地球上に現れた動物である。

①ヌタウナギ類の鰓

ヌタウナギ類は深海底に棲息し、魚などの死骸を食べることから“清掃屋（スカベンジャー）”の異名をもつ。ヌタウナギ類には、ヌタウナギとホソヌタウナギの仲間が含まれる（図2-4）。

ヌタウナギの鰓裂は円い形をしていて、その内部には「鰓囊《さいのう》」（囊は「袋」という意味）と呼ばれる器官が6〜15対ある。鰓

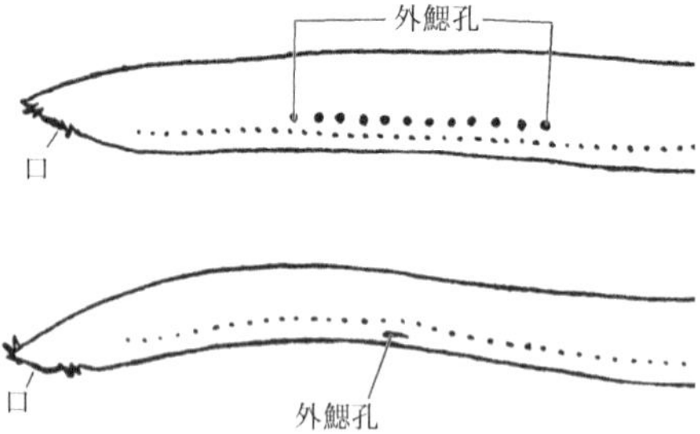

図2-4　ヌタウナギ（上）とホソヌタウナギ（下）

嚢の内方は「内鰓管《ないさいかん》」を介して消化管につながり、外方では「外鰓管《がいさいかん》」につながる。外鰓管は融合して１個の外鰓孔として外に開いている（図2-5）。

ホソヌタウナギは、口や鼻から入った水を、「蓋帆《がいはん》」を使って鰓に出し入れしている。蓋帆は動物が静止中は毎分25〜30回、激しく動き回っているときは毎分50〜100回の割合でポンプのように拍動して、鰓に水を送る。動かしにくい水を動かす工夫である。

②ヤツメウナギ類の鰓

ヤツメウナギは漏斗《ろうと》のような口で獲物に吸着して、肉をこそげ取ったり、血液を吸飲したりして生きている（図2-6）。

ヤツメウナギの鰓は「鰓籠《さいろう》」という軟骨性骨格に包まれていて（図2-7）、鰓籠には鰓籠収縮筋がついている。水を吐き出すときは縁弁《えんべん》（図2-7中）を閉じ、鰓籠収縮筋を収縮させて鰓籠を縮小する。水を吸い込むときは鰓籠収縮筋を弛緩させて、軟骨の弾性により鰓籠を元の形に戻す。これがヤツメウナギの呼吸運動である。

鰓の水平断面を見ると、内鰓孔は内鰓管を通って、鰓嚢に続

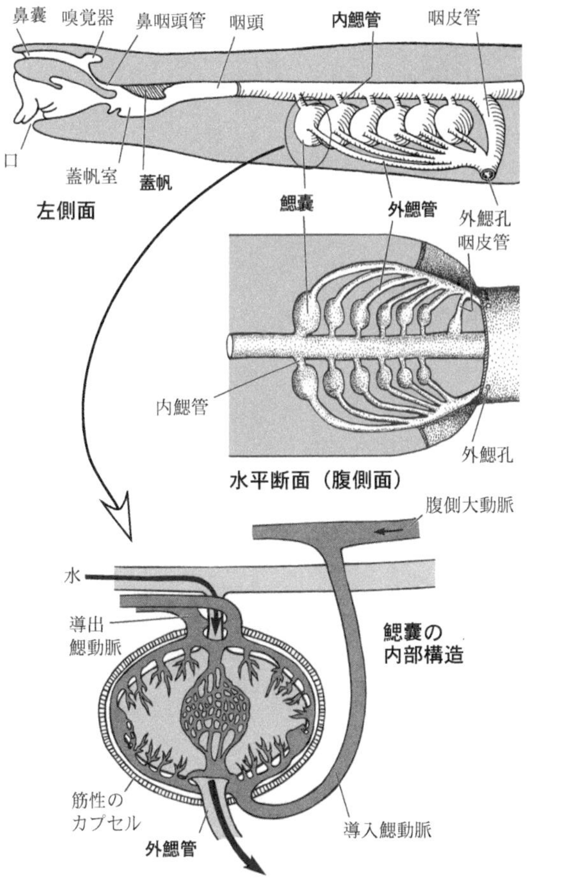

図2-5　**ホソヌタウナギの呼吸器**（Kentを改変）
ホソヌタウナギは蓋帆室という器官の背側面にある蓋帆を使って水を鰓に出し入れしている

いている。この広いスペースに、ガス交換が行われる「鰓弁《さいべん》」が入っている（後述）。鰓嚢の外方に続く「外鰓管」には、外

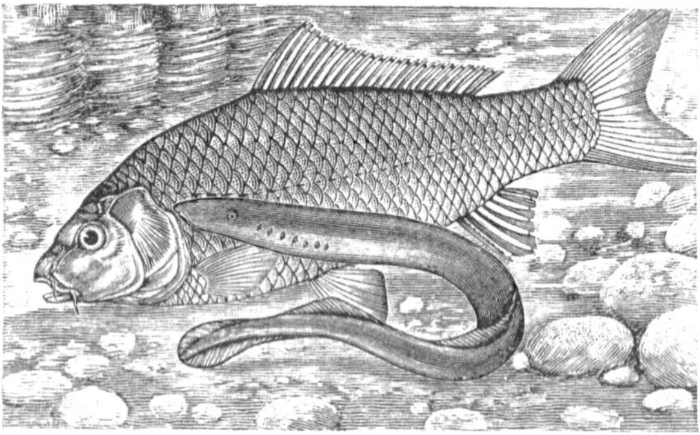

図2-6　魚に吸着するカワヤツメ

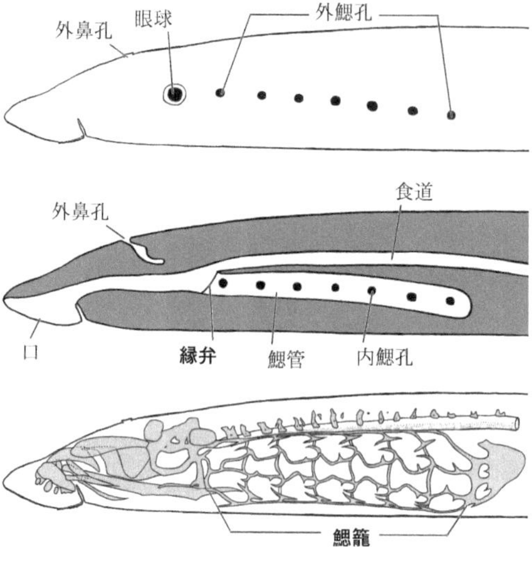

図2-7　ヤツメウナギの鰓

上：鰓裂（外鰓孔）は7個あり、どれも同じ形をしている

中：咽頭は上部と下部に分かれ、上部は食道に続き、下部は「鰓管」と呼ばれる盲管（いきどまりの管）になっていて、側壁に鰓裂（内鰓孔）が7個ある。鰓管には開閉可能な「縁弁」がついていて、ここが閉じると鰓管は食道から遮断される

下：鰓は「鰓籠」という軟骨性骨格に包まれていて、水を吐き出すときは鰓籠収縮筋によって縮小し、水を吸い込むときは骨格の弾性により元に戻る

鰓管括約筋が分布していて、鰓嚢への水の出入りを制御している（図2-8）。

遊泳中は、口腔から外鰓孔に向かって、水が一方向に流れる。鰓はつねに酸素をたっぷり含んだ新鮮な水と接触できるので、一方向性の水流は、呼吸するのに効率がよいといえる。

摂餌のためにほかの動物に吸着したときは、口から水を吸い込めなくなるため、縁弁を閉じて鰓管と消化管を遮断し、鰓籠を拡張・収縮して、鰓孔から水を出し入れして呼吸する。ただし、この方法では、体外に排出した水の一部をもう一度吸引してしまうため、一方向の水流での呼吸と比べると効率が悪い。新鮮な水と、すでに呼吸に使って酸素が減った水が混じるからだ。

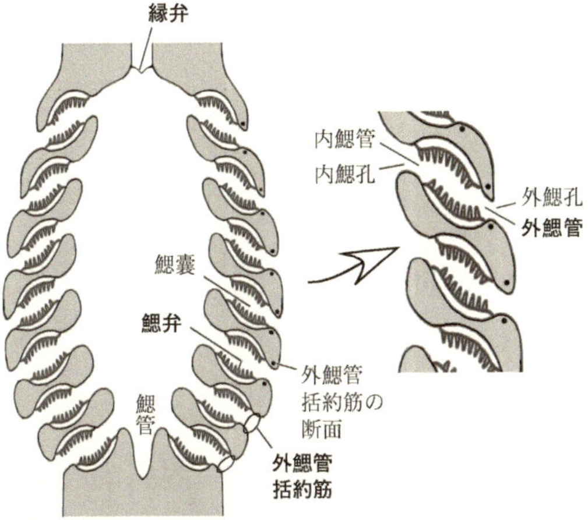

図2-8　**ヤツメウナギの鰓**（水平断面模式図）
遊泳中：縁弁は開いていて、口腔から外鰓孔へ一方向に水が流れる
摂餌時：縁弁は閉じられ、呼吸は鰓籠の拡張・収縮によって行われる

魚類の鰓

魚類は、サメやエイなどの「軟骨魚類」と、サバやコイなどのような「硬骨魚類」に分けられる。鰓の構造には多少の違いはあるが、基本的には同じである。

①鰓の構造概観

多くの軟骨魚類は5対の外鰓孔と、1対の呼吸孔をもつ（図2-9）。ただし、サメの中には呼吸孔が退化したものがいる。

サメの外鰓孔と呼吸孔はともに咽頭の側面にあるが、おもに水底に棲むエイは、底面にいても呼吸できるように孔の位置を変えた。幼魚はサメと同様、外鰓孔と呼吸孔はともに咽頭の側面にあるが、成体になると、呼吸孔は背側面に、外鰓孔は腹側

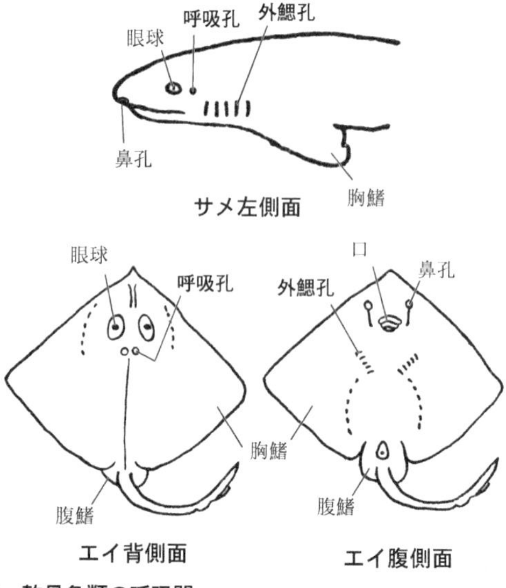

図2-9　軟骨魚類の呼吸器

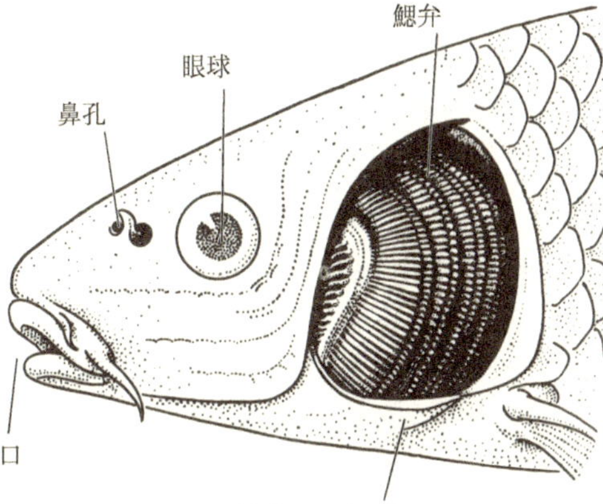

図2-10　**硬骨魚類の呼吸器**
鰓弓は無数の鰓弁で覆われている

面へと移るのである。これなら水底にいても、背側の呼吸孔から吸い込み、腹側の外鰓孔より排出すれば、水底の砂を吸い込んでしまう恐れはない。

硬骨魚類の鰓は「鰓蓋《さいがい》」で覆われていて、外からは見えにくい（図2-10）が、鰓蓋を除去すると、通常5対、ときに6～7対の鰓弓がある。基本的な構造は軟骨魚類と同じである。

▶▶▶ 魚類の呼吸運動

鰓の近くにある水の酸素はすぐに消耗してしまうので、鰓はたえず新鮮な水と接する必要がある。それには、鰓の周囲の水を動かす方法と、鰓そのものを動かす方法がある。多くの魚類は、水を動かす方法を採用している（鰓を動かす方法については後述）。

①軟骨魚類の呼吸運動

サメ類の多くは、水を取り入れるときは外鰓孔を閉じる（図2-11左）。次いで口腔と咽頭の底面を下げて口を開くと、水は広くなった口腔と咽頭に入ってくる。水が十分に入ると口を閉じ、鰓囊を広げる。そのあと口腔と咽頭の底面を上げていくと、水は鰓内腔から鰓外腔に入り、ガス交換が行われる。ガス交換が終わると外鰓孔を開き、鰓裂と鰓外腔を収縮させて水を押し出す（図2-11右）。水はつねに内→外へと一方向に流れる。

エイ類は遊泳しているときは、水は口から入り、外鰓孔から外に出ていく。水底にいるときは、口から水を吸い込むと砂などが入ってしまうので、口を閉じ、大部分の水は呼吸孔から取り入れる。呼吸孔には弁があって、水の流れを制御している。呼吸運動は、サメの場合と同じである。

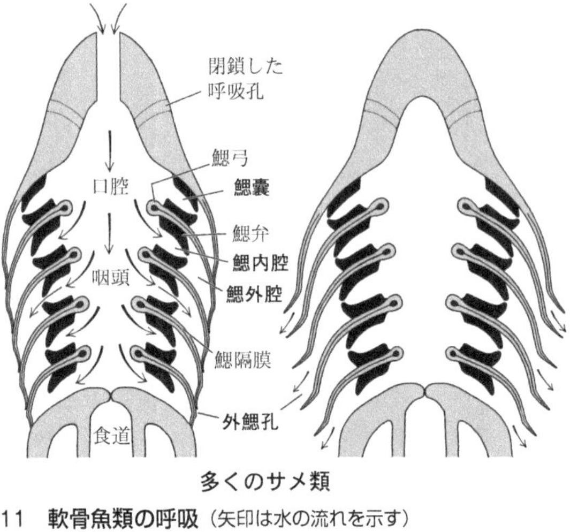

図2-11　**軟骨魚類の呼吸**（矢印は水の流れを示す）
左：水を取り入れる→外鰓孔を閉じて、口腔と咽頭の底面を下げる
右：水を排出する→外鰓孔を開いて、口腔と咽頭の底面を上げる

②硬骨魚類の呼吸運動

硬骨魚類でも、水は鰓裂の中を一方向に流れる（図2-12）。軟骨魚類との違いは、口腔に「口弁」があることと、鰓蓋（図2-10参照）があることである。口弁は口からの水の流れを制御している。呼吸の際に水を動かす方法は軟骨魚類と変わらない。

サバなどの、ある程度以上の速度で遊泳している魚は、口を開け鰓蓋を開閉して遊泳するだけで水が鰓裂を流れ、ガス交換が行われる。口から入った水は鰓裂を通り鰓外腔を経て、開いている鰓蓋から外に出る。この方法はエネルギーが節約できるだけでなく、一定の速度で泳ぐことで、鰓裂を流れる水量も一定に保つことができる。ただし、このような魚種の中には、周囲の水には酸素が十分にあっても、前進運動をしないと取り込

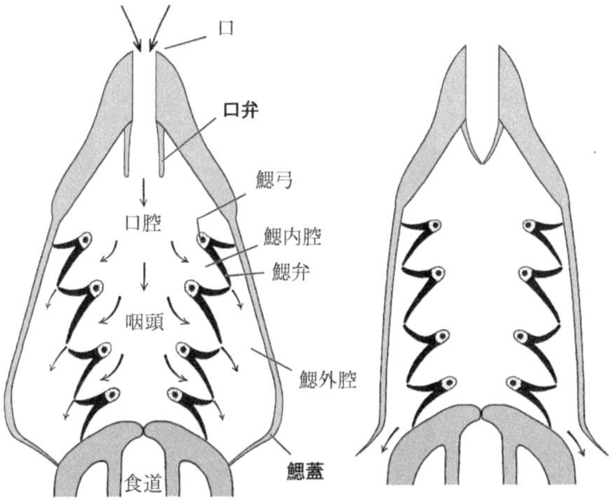

図2-12　硬骨魚類の呼吸（矢印は水の流れを示す）
左：水を取り入れる　右：水を排出する

む酸素量が足りず、酸欠状態になってしまうものもいる。

消化管に水を入れないために

水呼吸をする動物が注意すべきことの一つは、口に入った水を鰓裂から外に出す間、食道の入り口を閉じておくことである。開いたままでは、水が消化管に入ってきて、たちまち消化管は水でいっぱいになってしまうからだ。

食道の入り口を開閉するしくみは、鰓呼吸が始まったときに遡る長い歴史をもっている。陸に上がった動物でも、この役割をする筋が残存している。ヒトでは「上食道括約筋」と呼ばれる筋がそれである。この筋によって食道の入り口は食餌を飲み込むとき以外は閉じられていて、余分な空気が消化管に入るのを防いでいる（図2-33、図2-35、図2-36参照）。

巧妙なガス交換のしくみ

前述のように、水は呼吸媒体として空気より劣っている。それを補うため、魚類は鰓に非常に巧妙な仕掛けを施し、酸素吸収の効率を上げている。

鰓を構成している鰓弁をよく見ると、薄い葉のようなものが積み重なってできていることがわかる（図2-13）。これを「鰓《さい》葉《よう》」という。鰓葉の表面にはいくつもの「呼吸細葉《こきゅうさいよう》」が突出していて、表面積が非常に広くなっている。

鰓葉には、炭酸ガスを多く含んだ血液が流れる「導入鰓動《さいどう》脈《みゃく》」と、鰓で多くの酸素を取り入れた血液が含まれる「導出鰓動脈」という２本の血管が走っている。その間を、呼吸細葉を通る血管洞が走っていて、両動脈をつないでいる。血液は導入鰓動脈から導出鰓動脈に向かって流れる。

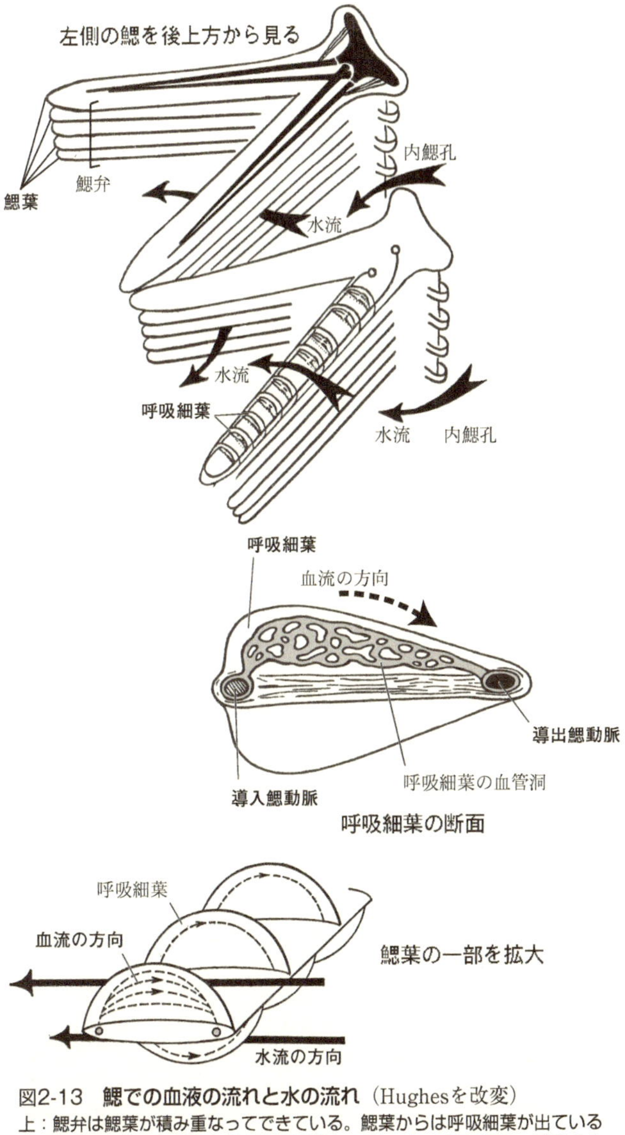

図2-13　**鰓での血液の流れと水の流れ**（Hughesを改変）

上：鰓弁は鰓葉が積み重なってできている。鰓葉からは呼吸細葉が出ている
中：鰓葉には導入鰓動脈と導出鰓動脈が走っていて、血液は導入→導出の方向に流れる
下：水は鰓葉を導出→導入の方向（血液とは逆）に流れる

口腔から入ってきた水は、導出鰓動脈の側から導入鰓動脈の側へ、つまり血流とは逆に流れる。血液中の酸素の量は、導入動脈側が少なく、導出動脈側は多い。一方で水は、上流である導出動脈側のほうが新鮮で、酸素量が多い。つまり、血液はつねに自分よりも多い酸素を含んだ水と接するため、鰓葉を横切る全過程で、酸素を連続的に取り込むことができるのだ。

このようなしくみを「対向流交換系」という。2つの異なった溶液間で、溶解している物質を効果的に交換するために使われる機構で、これにより、魚類の鰓はきわめて効率よくガス交換をすることができる。実験的に、水の流れを逆にしてみると、ガス交換の効率は約5分の1にまで低下してしまう。

呼吸細葉での酸素の交換は、多いほうから少ないほうに移動する「拡散」という物理的な運動を利用したものであり、動物はエネルギーを一切使っていない。のちに述べる肺でのガス交換も、同じしくみで行われている。

対向流交換系は動物がさまざまなところで用いているきわめて巧妙なシステムであり、本書でもこのあと何度か登場する。

▸▶▶ 鰓を動かす

ここまで見てきた鰓は、鰓裂の中にある内部器官であり、これらは「内鰓《ないさい》」と総称される。これに対し、ある種の魚類や、両棲類の幼生期などでは、鰓弓から外方に突出した鰓が形成される（図2-14）。これを「外鰓《がいさい》」という。外鰓とは、新鮮な水と接する方法として「鰓を動かす」ことを選択した鰓である。

外鰓は鰓裂がまだ開かない時期に、鰓弓の背側端からできる。内部には血液が流れていて、赤い糸のように見える。水流がないときは、この外鰓を動かすことで、たえず新鮮な水を鰓に触れさせる。

魚類では、多鰭類《たき》（ポリプテルス）や、肺魚類のプロトプテルス、レピドシレンの幼魚に外鰓が見られる（図2-15）。多鰭類の幼魚では、葉状の外鰓が内鰓の上方で頭部の両側から突出している。肺魚の幼魚には4対の外鰓が発生する。しかし、これらは成長するに伴って次第に小さくなり、やがて消失してしまう。

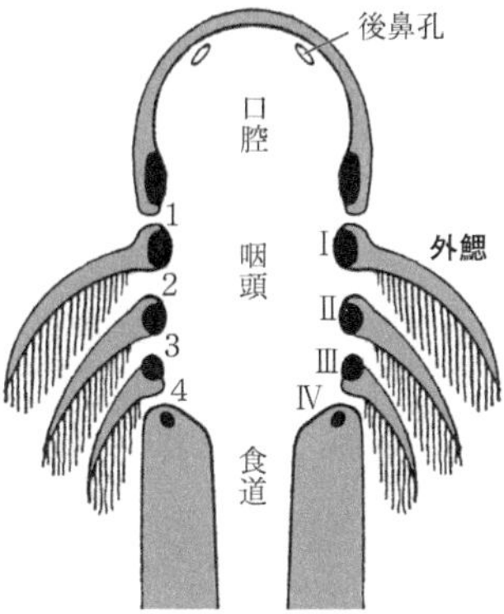

図2-14　**イモリの外鰓**（水平断面：Smithを改変）
ローマ数字は鰓弓、アラビア数字は鰓裂を示す

外鰓は何種類かの硬骨魚類にも認められることから、原始的な硬骨魚類ももっていた可能性がある。四足動物の先祖である総鰭類《そうき》にも存在していたし、両棲類でも、無尾類のオタマジャクシに外鰓が見られ、通常3対が形成される。有尾類のイモリなどにも外鰓が見られる（図2-16）。だが、アホロートルのように終生水中で生活するものを別とすれば、幼生の外鰓は発育が進むにしたがい、退化する。

両棲類には、熱帯から亜熱帯にかけての森林地帯に棲息する無足類がいる。地中に生活する種類が多く、四肢を欠如してミミズのような体形をしている。この無足類の幼生にも、大きな外鰓が見られるものがある（図2-17）。

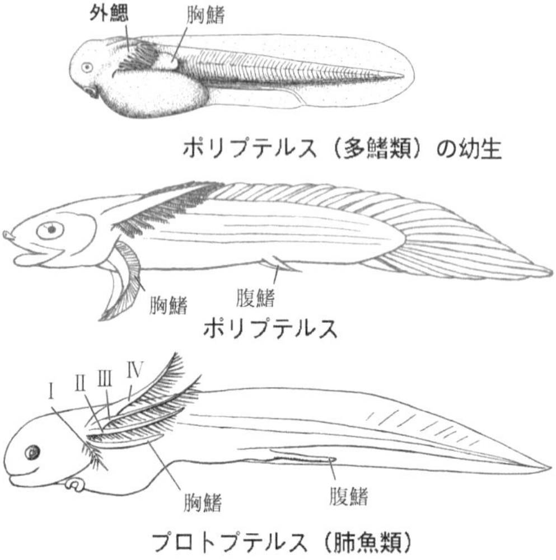

図2-15　**魚類の外鰓**（KerrとBudgetを改変）
プロトプテルスのⅠ～Ⅳは第１～第４鰓弓の外鰓

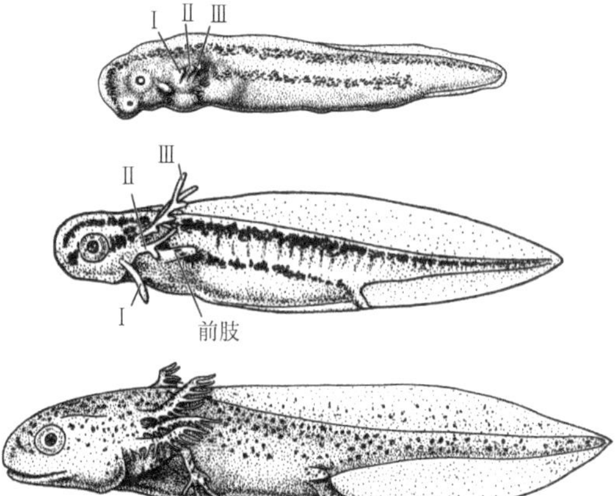

図2-16　**イモリの外鰓の発生**
Ⅰ～Ⅲは第１～第３鰓弓の外鰓

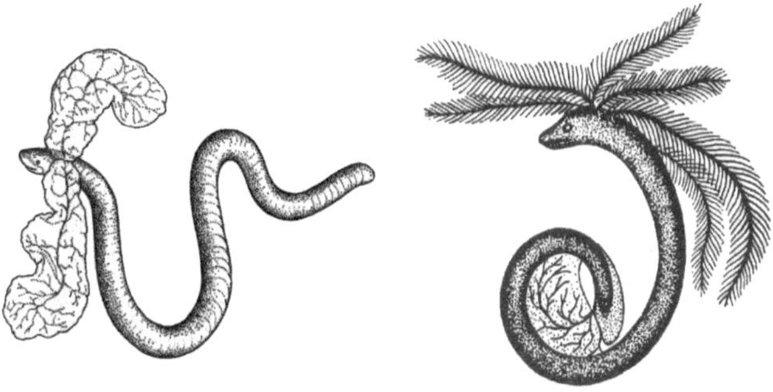

図2-17　無足類の外鰓
上：イクチオフィス（東南アジアに棲息する蛇形類の１種：Gadowを改変）
下：アシナシイモリの１種（Toewsを改変）

新たなる変化

進化の過程で、魚類や両棲類には鰓の尾方※に小さな嚢状《のうじょう》（袋状）の器官が認められるようになった。この小さな嚢の正体については、魚類と両棲類とで解釈が違う。魚類には進化が進むと、鰓裂が少なくなる傾向が見られる（図2-18）。削減された鰓裂には、消滅したものもあれば、出口が塞がって盲嚢《もうのう》として残ったものもある。魚類については、小さな嚢はこの盲嚢であるとする考え方がある。

両棲類の場合は、咽頭嚢の発生過程に３通りの変化が見られる（図2-19）。多くは外界と交通する鰓裂となった。一部は、発生の途上で消滅した。そしていちばん尾方には、外界と交通せず、盲嚢に終わるものができた。小さな嚢は、これであろうというのが両棲類についての解釈である。

どちらの考え方からも導かれる、１つの結論があった。この小さな嚢こそが、将来、肺に発達する「肺の原基」なのである

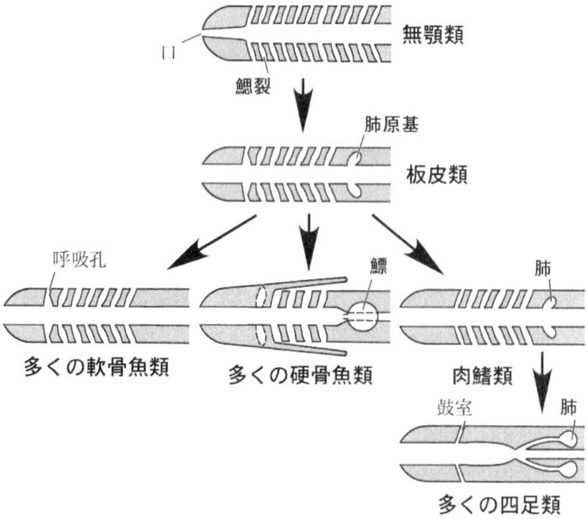

図2-18　**鰓裂の変遷**（Smithを改変）
進化が進むと鰓裂が少なくなる傾向が見られる。板皮類に現れた肺原基は、その後、肉鰭類では肺となり、多くの硬骨魚類では鰾（うきぶくろ→後述）となった。多くの軟骨魚類では肺原基は見られない

（原基とは、個体発生の段階で、その機能や形態が器官として分化する前の細胞群のこと）。小さな嚢の持ち主が魚類であれ、両棲類であれ、これが肺原基となり、将来、肺に分化していくのである。

肺の原基が最初に認められるのは、古生代中頃のデボン紀（４億1600万〜３億5900万年前）後期に棲息していた、板皮類《ばんぴ》（原始的な魚類）のボスリオレピスである。肺ないし肺原基に由来すると思われるものは、軟骨魚類以外のすべての魚類がもっている。

いずれにしても、肺の原基が鰓裂に由来していることは間違いないように思われる。そしてもちろん、鰓は鰓裂から発達し

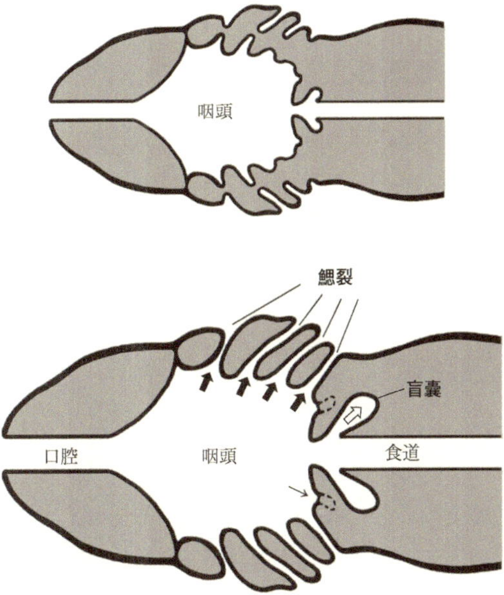

図2-19　両棲類の咽頭嚢の3通りの変化（Makuschokを改変）
上：発生初期の段階　下：発生の進んだ段階
➡：外と交通して鰓裂を形成する
→：途中で消滅する
⇨：外と交通しないで盲嚢となる。盲嚢は肺原基になり、将来、肺になる

た器官である。ということは、すべての呼吸器の根本は鰓裂であるということができる。

※動物には魚類や四足動物のように脊柱（いわゆる背骨）が水平のものも、ヒトのように垂直のものもいる。「前」という言葉は、魚や四足動物では「尾ではなく頭のほう」を指すのに対し、ヒトでは「背ではなく腹のほう」を指すことになる。この混乱を避けるため、本書では方向を示す言葉として「前」や「後」を使わず、脊柱を基準に「頭」の方向を「頭方」または「頭側」といい、「尾」の方向を「尾方」または「尾側」ということにする。カエルのように尾がない動物も、これに準ずる。

3 肺のはじまり

デボン紀の末期にイクチオステガなどの原始的な両棲類が陸に上がったときには、すでに肺はできあがっていた。動物たちは陸に上がってから肺をつくったのではない。肺が完成したからこそ、上陸することができたのである。

肺がどのような進化を遂げたのかを見ていきたい。

肺呼吸の必須条件

肺とは、水よりも比重や粘性が小さく、扱いやすい空気を呼吸媒体として発達した呼吸器である。

鰓呼吸にはない肺呼吸に必須の条件は、肺の内部を湿潤に保つことである。酸素は水に溶けた状態でないと、血液中に拡散できないからだ。そのためガス交換の場となる「肺胞《はいほう》」は内部に薄い水の被膜をもっていて、酸素はこの被膜に溶けてから血液に拡散する。つまり厳密には、「空気呼吸」とはいっても水を介しての呼吸なのである。

このように肺にとって最大の脅威は、乾燥である。乾燥を防ぐために、肺は袋状となり、1本の管だけで外界と交通している。そして、空気が出入りする通路という通路――鼻腔《びくう》や気管などは、表面が粘液で覆われている。

新たな構造

肺呼吸の呼吸器系はガス交換が行われる「呼吸部」と、呼吸部までの空気の通路である「気道」に大別される（図2-20）。

気道は「上気道」と「下気道」に分けられ、上気道は鼻腔、下気道は喉頭、気管および気管支より構成される。

発生の面から見ると、上気道は、下気道や呼吸部とは起源が異なる。上気道となる鼻腔は、もとは嗅覚器専用で、口腔とは別個の器官だったものが、進化の過程で咽頭と連絡するようになり、気道としても用いられるようになった。下気道と呼吸部は、デボン紀にできた肺が発達したもので、発生過程を見ると、消化管の一部が突出して形成される。

上気道と下気道の間には、咽頭がある。鰓呼吸をする動物では、咽頭は呼吸用の水の通路であると同時に、食物の通路でもある。呼吸の場と消化の場の間に隔壁はなく、咽頭は両方に共通の領域であった。

だが空気呼吸をするようになると、呼吸部に続く下気道が食道とは別個になるとともに、上気道が新たにつくられた。咽頭は上気道と下気道を連結して、呼吸器の一部としてもはたらくようになった。すると、別個になった空気の通路と食物の通路

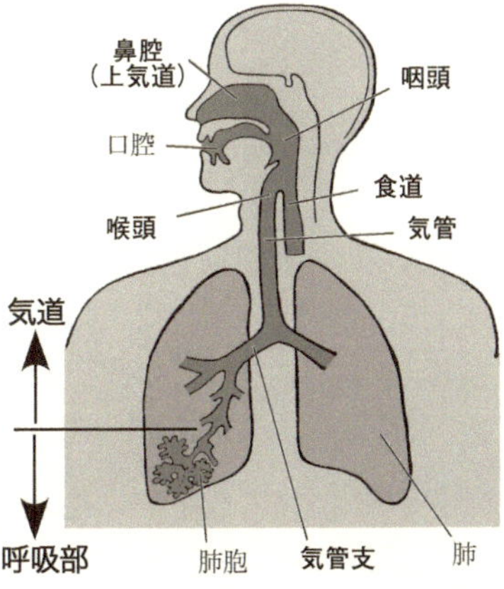

図2-20
ヒトの呼吸器の概観
気道と呼吸部に大別される。
上気道は鼻腔から、下気道は喉頭、気管、気管支からなる。気道と食道は咽頭で交叉している

が咽頭で交叉《こうさ》してしまうため、空気と食物を別々に通せるような機構が必要になった（くわしくは後述）。

鼻腔と口腔の連結

私たちは、食物は口から取り入れ、空気は鼻から吸い込んでいる。口は脊椎動物の出現とともに存在したが、空気の通路としての上気道の歴史はずっと新しい。

身近にいる魚たちの頭部の外形を見てみよう（図2-21）。サメやエイなどの軟骨魚類も、タイやアジなどの硬骨魚類も、頭部の主要な器官は、口と眼と鼻嚢《びのう》（嗅嚢）である。鰓呼吸では、食餌も、呼吸用の水も、口から取り入れている。肺呼吸をする動物たちに必要な器官も、この魚類の頭部にあるものを使って形成された。新しい器官をつくるときは、無からつくりだすより、既存のものをつくりかえるほうがはるかに容易だからである。

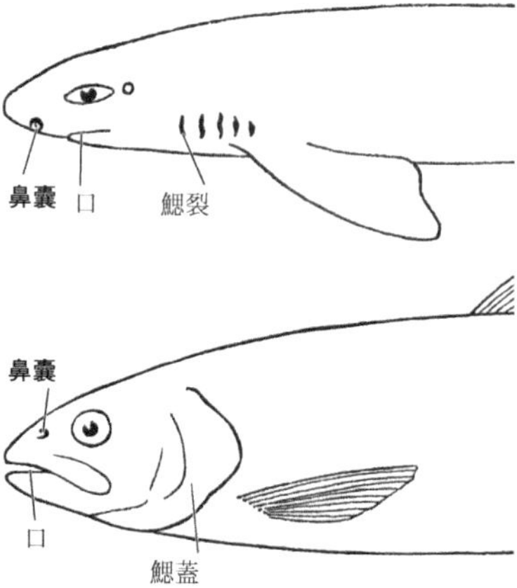

図2-21
魚類の鼻嚢
上：軟骨魚類
下：硬骨魚類

肺呼吸における空気の取り入れ口は、既存の器官を改造することでつくられた。改造の対象になったのは鼻嚢である。

そもそも鼻嚢は、水中のにおい物質を感知するための嗅覚受容器であり（図2-22）、口腔や眼球などとは独立していた。鼻嚢の内部にある鼻腔は、ほかの器官とはつながりをもたない独立した腔所であった。

ところが、肺呼吸のはじまりに伴い、孤立していた鼻腔は長い年月をかけて口腔とつながり、空気の取り入れ口となったのである。その変化をたどってみよう（図2-23）。

まず、鼻嚢に向かって下顎が伸び、口腔の範囲が前方に向かって大きくなった（②）。やがて下顎はさらに前方に伸びて、ついに鼻嚢の出水孔を覆ってしまう（③）。すると、出水孔は

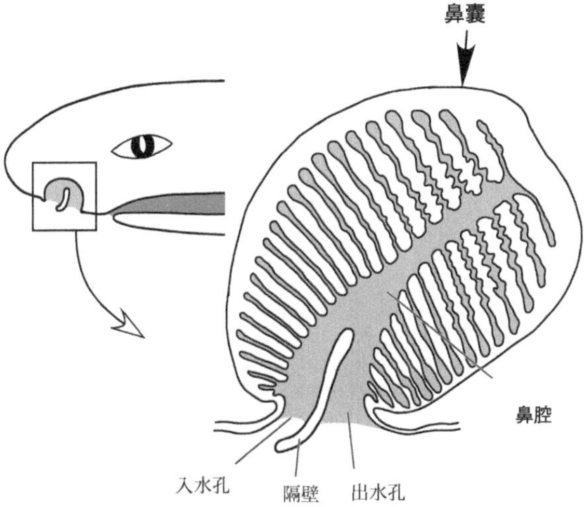

図2-22　軟骨魚類の鼻嚢の構造
隔壁を境にして入水孔と出水孔に分けられ、内部は深く陥凹して鼻腔となっている。魚が前進すると新鮮な水が入水孔から入り、鼻腔を通り抜けて出水孔から外に出る

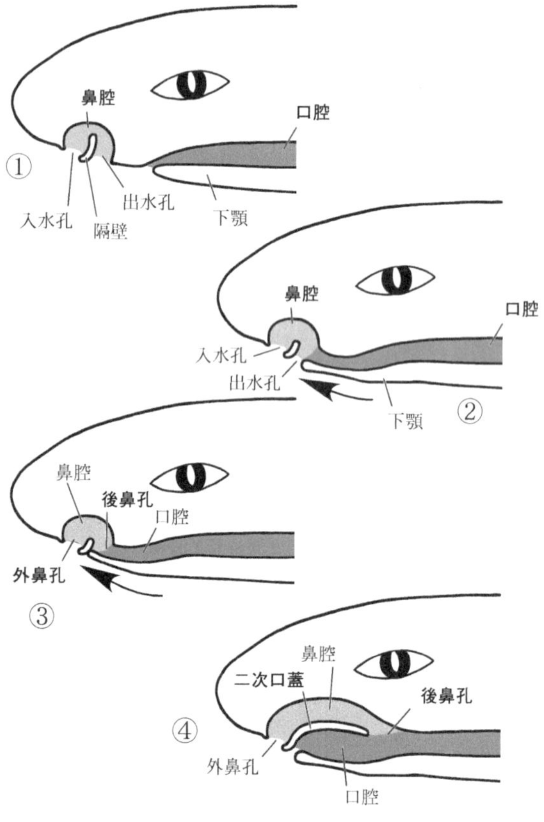

図2-23　鼻腔と口腔の結合
①最初は鼻腔と口腔が互いに独立している
②下顎が前方に伸び、口腔の範囲が前方に広がる
③鼻腔と口腔がつながる。入水孔は外鼻孔となり、出水孔は後鼻孔となる
④二次口蓋が形成され、後鼻孔は後方に移る

拡張してきた口腔内に開くことになる。これにより、鼻腔と口腔がつながる。口腔内に開くことになった出水孔は「後鼻孔《こうびこう》(内鼻孔)」と呼ばれるようになる。これに伴い入水孔も「外鼻

孔」という名前に変わる。

進化の過程で、口腔と鼻腔の間には「二次口蓋《こうがい》」が形成される。二次口蓋は鼻腔の「床」であると同時に、口腔の「天井」になっていて、進化の過程で次第に後方に向かって長くなる。これに伴い後鼻孔の位置も、後方に移る（④)。

陸上進出の意外な理由

このような鼻腔と口腔がつながる変化は、動物が陸に上がってから起きたのではなく、魚類の段階で進んでいた。現存する魚類で後鼻孔をもっているのは肺魚類（図2-24）と、シーラカンスなどの総鰭類（図2-25）である。この２種は「後鼻孔類」と呼ばれることがある。

肺魚類は鰓と肺の両方を使って呼吸している。総鰭類のシー

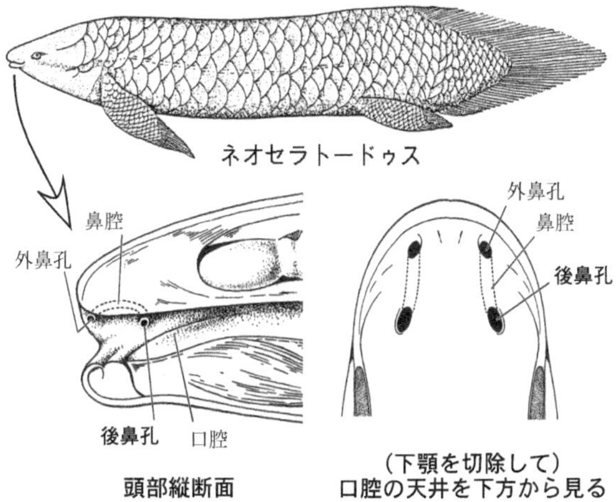

図2-24　肺魚類の外鼻孔と後鼻孔（Romerを改変）
外鼻孔と後鼻孔は、管状の鼻腔でつながっている

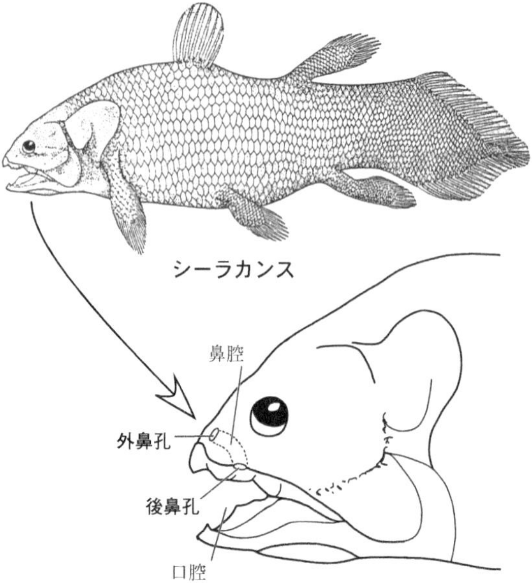

図2-25　**シーラカンスの外鼻孔と後鼻孔**（Romerを改変）

ラカンスは、いまは深海底でひっそりと暮らしているが、かつては肺呼吸をしていた。魚類の空気呼吸は水面に出てきて空気を吸い込むことで行われるのだが、深海底で生活するようになったシーラカンスは、海面まで上がってくることはできなくなり、その結果、呼吸器としての肺は不要になった。いまシーラカンスの肺は、内部に脂肪を詰めることで体の比重を軽くする器官に変わっている。

後鼻孔類は、いまだ“魚”であるのに、肺をもち、空気の取り入れ口もつくっていた。陸で生活する準備は、着々と進んでいた。そして、これらの動物の子孫から、陸棲動物が誕生したのである。

では、後鼻孔類の魚たちに、上陸の準備と思える一連の変化を起こさせた原動力は何だったのだろうか。それは、彼らを取り巻く気候条件であったに違いない。

デボン紀は、魚類全盛の時代であった。沼や湖にはたくさんの原始魚類が棲息し、進化していった。この魚たちは、もともとは海で発生したものが、敵の出現や餌不足などの理由で淡水域（沼や湖、河川）に移動し、繁栄したともいわれる（そもそも淡水域で発生したという考えもある）。

デボン紀は温暖で、生物にとって非常に過ごしやすい時代であった。ただし困ったことに、乾季と雨季が交互に訪れていたらしい。乾季があることは、水中生活をする魚類にとって致命的な問題だった。毎年、乾季には膨大な数の魚たちが死んでいったに違いない。

しかし、過酷な環境でも何とか生き抜く努力をした魚たちもいた。彼らがつくりだしたのが、乾季に適応した、空気呼吸ができる肺だった。乾季に適応するということは、陸上生活のための準備が進むということにほかならない。

ところが、乾季の生活を何年も繰り返すうちに、乾季に適応しすぎてしまって、雨季になっても水に還らず、そのまま陸で生活する動物たちが出現してきた。デボン紀の魚たちの脳の形態から見て、彼らが初めから陸に上がろうという目的をもって行動したとは考えにくい。陸棲動物が出現したのは、乾季の生活に過度に適応したために、水に還れなくなってしまったというのが実情なのであろう。

鼻腔の進化

後鼻孔類の段階で口腔と連結した鼻腔は、その後、両棲類が本格的に陸上進出を遂げてから、さらに進化していく。

その一つが、「鼻甲介《びこうかい》」が発達したことである。

原始的な陸棲動物の鼻腔は、左右の幅が狭かった。だが進化の過程で、鼻腔は次第に外方へ広がっていった。ただし、骨組織などがあるところは広がることができない。そのため、この部分は鼻腔に向かって突出することになった。この突出部が鼻甲介である。鼻甲介ができたことで、鼻腔壁の面積は大きくなった（図2-26）。

鼻腔のはたらきは、吸い込んだ空気の塵埃を除去することと、空気を暖めて適度な湿度を与えることにある。そのためには、鼻腔壁の面積は広いほうが有利である。

さらに鼻腔には、嗅覚器や鋤鼻器《じょびき》（フェロモンの感知器）としてのはたらきもある。この点でも鼻腔の内表面が大きいほうが、これらの感覚受容器の占める面積が大きくなり、より感覚が鋭敏になる。

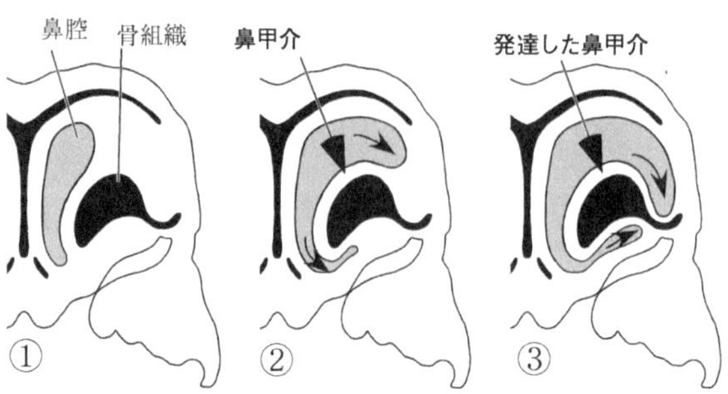

図2-26　**鼻甲介の進化**（横断面）
①原始的な陸棲動物の鼻腔は、左右の幅が狭かった
②鼻腔が広がっても、骨組織などがあるため広がれない部分は、鼻腔の内部に突出して鼻甲介となった
③鼻甲介が発達したことで、鼻腔壁の面積は大きくなった

外方に大きく広がった鼻腔には、さらに二次口蓋が発達して前後方向に長くなった。トカゲでは外鼻孔に近い側から、狭い鼻前庭、鼻腔の大部分を占める（主）鼻腔、および鼻咽頭管の区分ができた（図2-27）。外側壁からは、大きな鼻甲介が突出している。

さらに鳥類の鼻腔は非常に大きく発達し、前鼻甲介、中鼻甲介、後鼻甲介という3つの鼻甲介をもった（図2-28）。このうち前鼻甲介の形は複雑で、飛翔の際に吸い込んだ空気を暖め、適度な湿度を与えるのに大きな役割を果たしている。

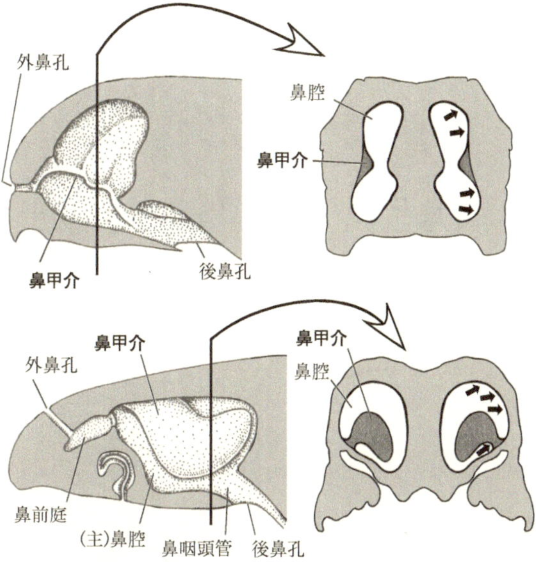

図2-27　**爬虫類の鼻腔**
上：カメの鼻腔
下：トカゲの鼻腔
いずれも鼻腔の上部と下部は外方に拡張（右側の図の➡）していったが、上下の中間部はあまり拡張せず、鼻腔の中に向かって突出して鼻甲介となった

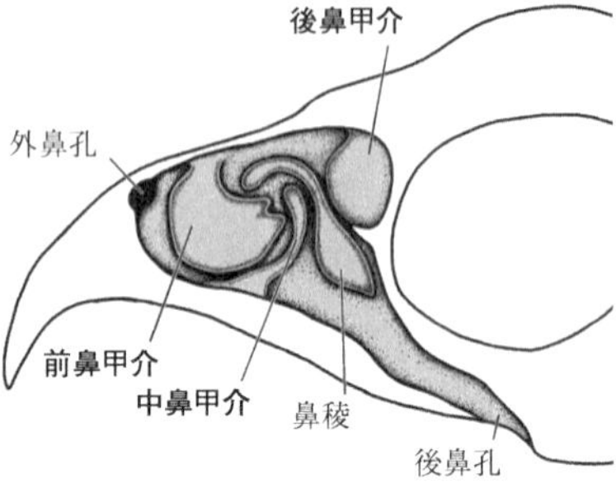

図2-28
ハヤブサの鼻腔
鼻甲介は大きく発達して3つに分かれた。前鼻甲介は飛翔の際に大きな役割を果たすことになった

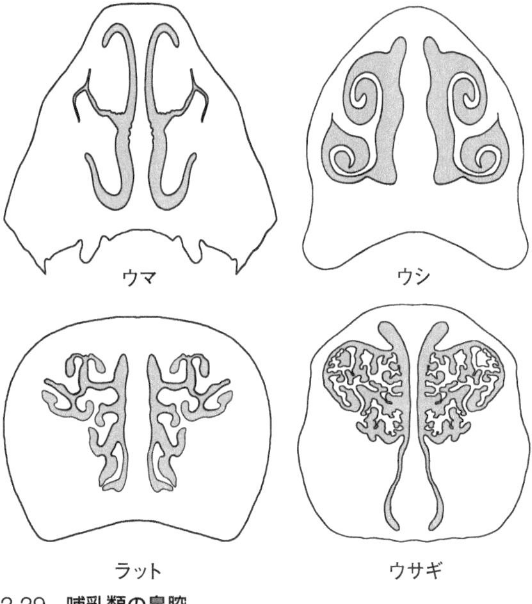

図2-29 **哺乳類の鼻腔**
嗅覚が敏感な動物（ラットやウサギなど）の鼻甲介は複雑な形をしている

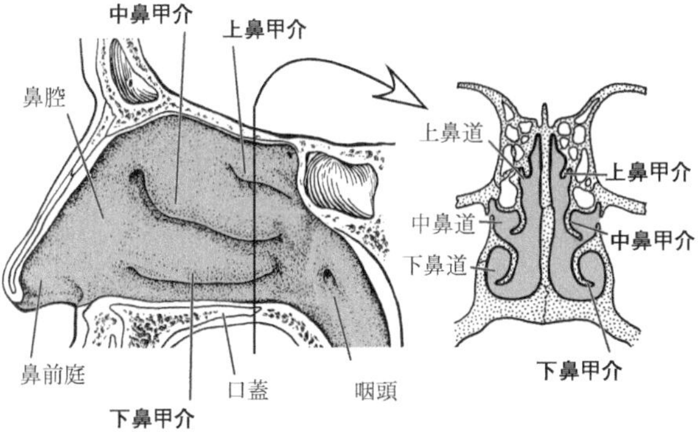

図2-30　ヒトの鼻腔
3つの鼻甲介が鼻腔の仕切りになっている

哺乳類の鼻腔は、動物により形態はさまざまである（図2-29）。一般的に、嗅覚が鋭敏な動物の鼻甲介は発達しており、鼻腔の形態は複雑になっている。ヒトでは上鼻甲介、中鼻甲介および下鼻甲介の3つの鼻甲介があって、鼻腔を上鼻道、中鼻道、下鼻道に分けている（図2-30）。

肺呼吸の弱点と下気道の進化

進化の過程で、上気道は口腔の背方に発達してきた。これに対し、下気道は消化管の腹方に発達することになった。この結果、気道は咽頭において、消化器系と交叉しなければならなくなった。咽頭での消化器系と呼吸器系との交叉を「咽頭交叉」と呼ぶ。

ここに肺呼吸の1つの弱点がある。空気が食道や胃に入っても「げっぷ」を出してしまえば問題ないが、その逆の誤飲は命を失いかねないトラブルになる。陸棲動物たちはその対策を講じる必要に迫られた。

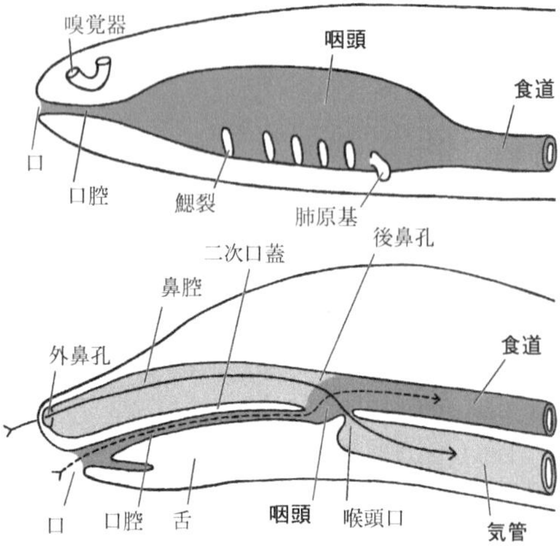

図2-31　気道と食物の通路の咽頭交叉
上：魚類では、気道と食物の通路は共通である
下：肺呼吸をする動物では、空気の通路（実線）と食物の通路（点線）は咽頭で交叉する

両棲類、爬虫類、鳥類の咽頭交叉では、外鼻孔から入った空気は、後鼻孔から咽頭に出て、斜め後方の「喉頭口」に向かう（図2-31）。喉頭口とは、舌の後方にある縦長のスリットである。喉頭口には「喉頭口括約筋」「喉頭口散大筋」という２種類の筋がついていて、喉頭口の開閉をコントロールしている（図2-32）。呼吸のときは開いている喉頭口は、食餌を嚥下《えんげ》する際には閉じられる（図2-33）。

しかし、後鼻孔を開閉して口腔と鼻腔を遮断することはできないので、食餌を口腔内で細かく咀嚼してしまうと、その小片が鼻腔に入ってしまうことになる。このため、両棲類、爬虫類、鳥類は食餌を咀嚼することなく、丸ごと飲み込んでいる。

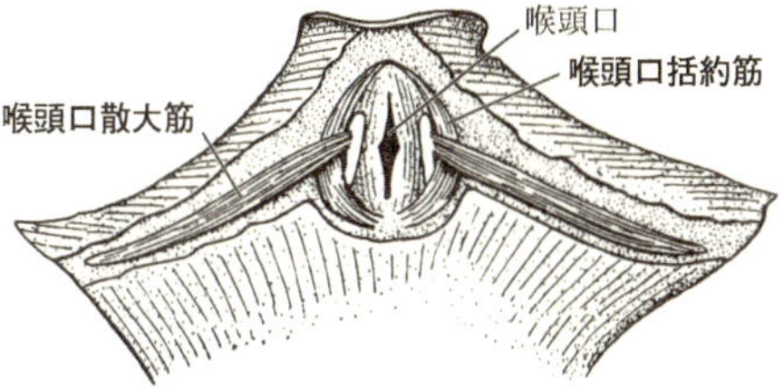

図2-32　**カエルの喉頭口の開閉**（Göppertを改変）
喉頭口は２種類の筋でコントロールされ、呼吸の際は開き、嚥下の際は閉じる

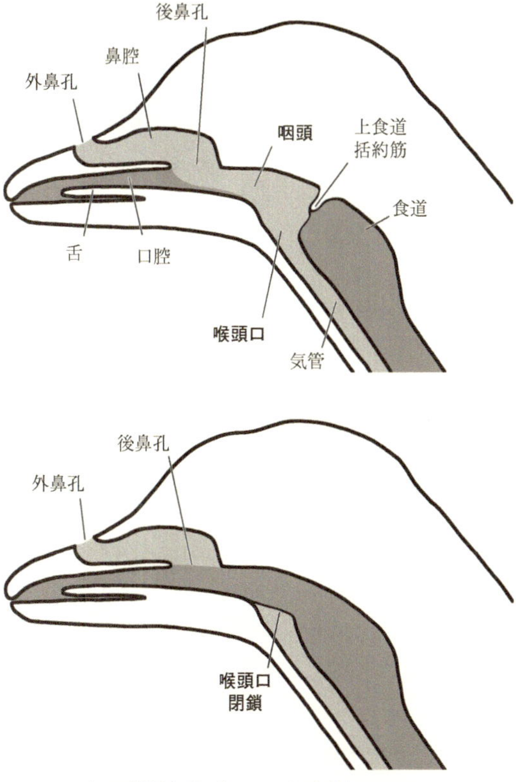

図2-33　**ハトの咽頭交叉**（Parkerを改変）
上：呼吸するとき　下：嚥下するとき
嚥下のときは、喉頭口は閉じられる。ただし、口腔と鼻腔は遮断できないので、食餌を咀嚼すると口腔から鼻腔に入ってしまう

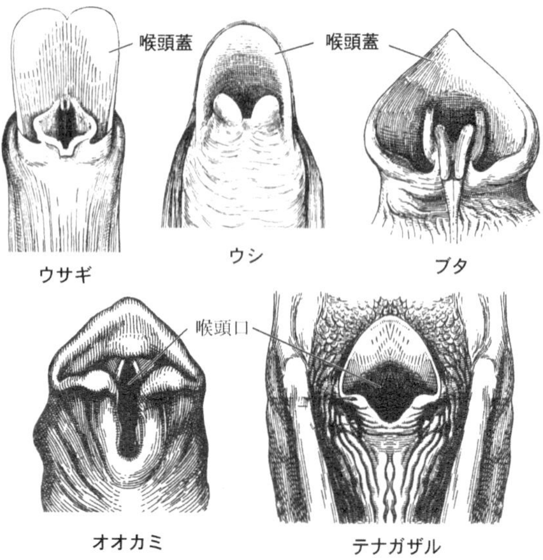

図2-34 いろいろな哺乳類の喉頭口（Göppertを改変）
喉頭口の周囲は〝塀〟で囲まれる。口腔に近く背が高い〝塀〟を「喉頭蓋」という

さらに進化を遂げたのが、哺乳類の咽頭交叉である。哺乳類では、喉頭口の周囲は〝塀〟で囲まれるようになる（図2-34）。その形態は動物によりさまざまだが、〝塀〟のうちもっとも口腔に近いものは背が高く「喉頭蓋《こうとうがい》」と呼ばれる。

また、二次口蓋が咽頭に向かって長く伸びるようになる。その前半部は骨が含まれていて可動性はないが、後半部には骨がなく、内部に筋が含まれていて、可動性のある「軟口蓋《なんこうがい》」（口《こう》蓋帆《がいはん》）となっている。

ウマやウシなどの有蹄《ゆうてい》類や、霊長類では、呼吸のときは軟口蓋は気管のほうに向かって伸び、喉頭蓋は鼻腔に向かって伸びるため、空気は鼻腔から咽頭を通って気管に入る（図2-35上）。

食物を嚥下するときは、軟口蓋は後方に向かって伸びて口腔と鼻腔を遮断する。喉頭は引き上げられるため、喉頭蓋は舌根《ぜっこん》に当たって後方に曲がり、喉頭口を塞ぐ。食塊は口腔から咽頭を通り、食道に入る（図2-35下）。

また、アリクイ、コウモリおよびハクジラなどでは、喉頭口を囲む〝塀〟が鼻咽頭に向かって高く伸びているため、喉頭口の位置はずっと上方に移っている。このような動物では、空気は鼻腔から喉頭口を通って気管に入る。口腔内の食餌は、〝塀〟

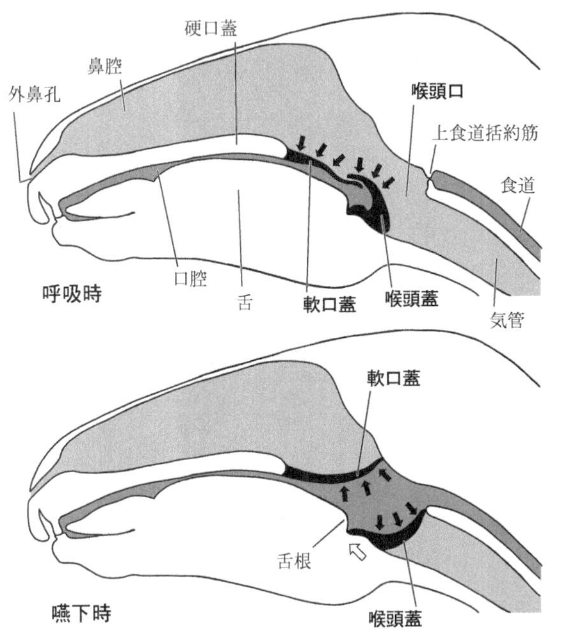

図2-35　**ウマの咽頭交叉**（Dyceを改変）
上：呼吸するときは軟口蓋が気管のほうに向かって伸び、喉頭蓋は鼻腔に向かって伸びて、空気が喉頭口から気管に入る
下：嚥下するときは軟口蓋が後方に向かって伸びて口腔と鼻腔を遮断し、喉頭蓋は喉頭口をふさぐ

の外方にある溝を後方に進んで食道に入ることができる。つまり、呼吸と嚥下が同時に可能となる（図2-36）。

哺乳類はこのようにして、咽頭交叉の問題を巧みにクリアしているのである。

ところで、喉頭口の位置は、動物種による違いだけではなく、同じ動物でも年齢により違ってくる。ヒトの乳児期には、喉頭口は高位にある。このため、乳児は乳を吸いながら、呼吸

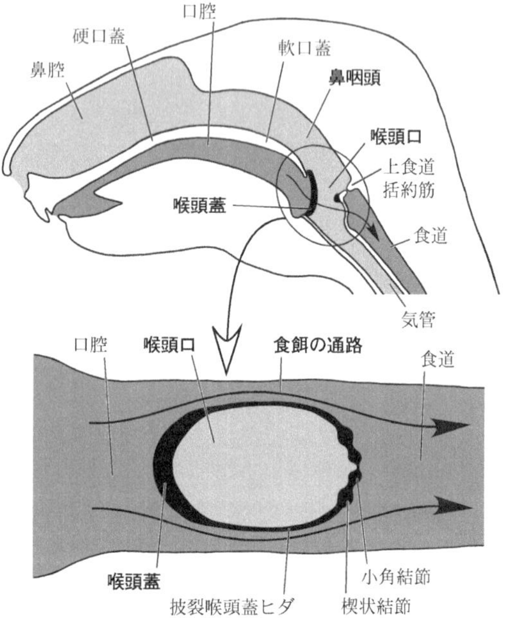

図2-36　呼吸と嚥下が同時にできる咽頭交叉（アリクイなど）
上：左側面
下：背側面
喉頭口を囲む〝塀〟は、喉頭蓋、披裂喉頭蓋ヒダ、楔状結節、小角結節などより形成される。〝塀〟の外方は溝状に陥凹しているため、食餌の通り道となる

をすることができる。もし嚥下と呼吸が同時にできなければ、少し乳を吸うたびに乳首を離して呼吸する、ということになり、発育のための栄養摂取に時間がかかりすぎてしまう。ただし乳児の喉頭口は閉鎖されているわけではないので、ときどき乳が喉頭口に入り込み、むせぶことがある。

ヒトは成人になると、喉頭口の位置はずっと気管寄りに下がるため、嚥下と呼吸は同時にはできなくなる。しかし、口で呼吸できるようになるため、口を構音装置として活用できるようになり、多くの言葉を使えるようになった。

4 肺の進化

では、さまざまな動物の肺を具体的に見ていこう。

肺をもつ魚類

多鰭類（ポリプテルス）と肺魚類は、肺と鰓の両方を使って生活している魚類である。

多鰭類の肺は、左右1対ある（図2-37）。左の肺は短いが、

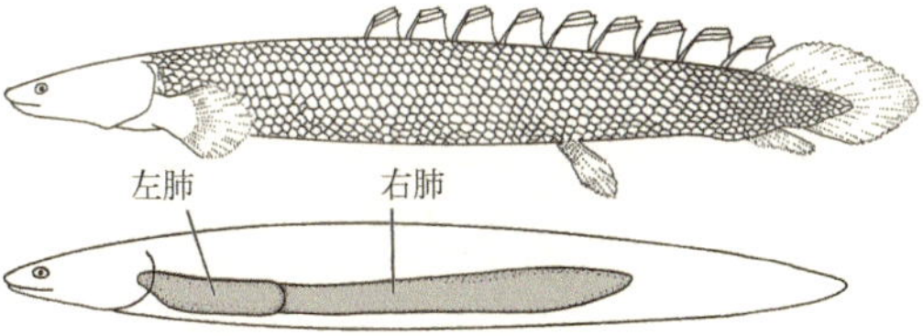

図2-37　ポリプテルス（多鰭類）の肺
上：外形
下：肺の位置と形態
左右の肺の長さが大きく違っている

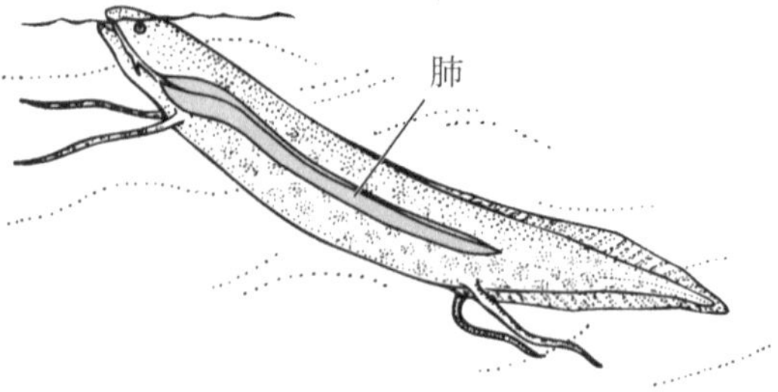

図2-38 **プロトプテルスの肺**
肺は非常に長く、体のほぼ全長にわたって伸びている

右の肺は長く、体の尾側部まで伸びている。

肺魚類の肺はさらに長く、消化管の背方を、体長のほぼ全体にわたって伸びている（図2-38）。空気呼吸の際には、まず水面に出て、口を大きく開けて空気を吸い込み、次いで水底に向かって頭を下方に向けて遊泳しながら、食物を嚥下するように空気を喉頭口から肺に押し込む。空気が肺に入ると喉頭口を閉じ、肺でガス交換する。

空気の排出には、肺の弾性を利用する。深く潜水して水圧が増し、肺が圧迫されると、頭を上方に向けて口を開き、空気を口腔に戻しながら水面に移動しつつ空気を吐き出す。

両棲類の呼吸器系

かつては陸上進出の旗手となったが、現生の両棲類はおもに皮膚で呼吸していて、肺はあまり発達していない。ある種の両棲類では完全に退化してしまっている。

カエルなどの無尾類は肺呼吸と皮膚呼吸を併用していて、おもに酸素の摂取は肺で、炭酸ガスの排出は皮膚で行っている。これらの動物は活動性が低く、酸素の消費は少ない。

図2-39　皮膚呼吸が活発なカエル
左：ケガエルは血管に富んだ多数の指状突起により呼吸する
右：チチカカカエルは毛細血管に富む多数のヒダで呼吸する

カエルの皮膚はたえず湿っていて、その下にある毛細血管は酸素を取り込みやすい。また、豊富な粘液腺から分泌される粘液が、皮膚の乾燥を防ぎ、呼吸を助ける。なお、ケガエルは表皮の一部が毛状に突出して水棲動物の外鰓を彷彿させる呼吸器となり、呼吸を助けている（図2-39）。

カエルは肋骨の発達がよくないので、換気は「口腔ポンプ」によっている。オスの場合は、口腔ポンプの機能は「鳴嚢《めいのう》」という器官がうけもっている（図2-40）。

カエルの喉頭は発声器官になっていて、繁殖に際してオスはメスを惹きつけるために鳴き声を発する。声は喉頭口の振動によって生じる。そのとき、空気は外に出すのではなく、鳴嚢に出し入れする。このため、鳴き声を発する際には鳴嚢は大きく膨らんだり、凹んだりする。

イモリなどの有尾類の繁殖は嗅覚に制御されるので、発声器官はあまり発達していない。イモリをつかむと小さい音を発するだけである。有尾類の呼吸では、口腔粘膜や皮膚が大きな比重を占め、肺はおもに浮力調節器官となっている。肺から吸収する酸素量の割合は全体の約２％にすぎない。肺は円筒状で、

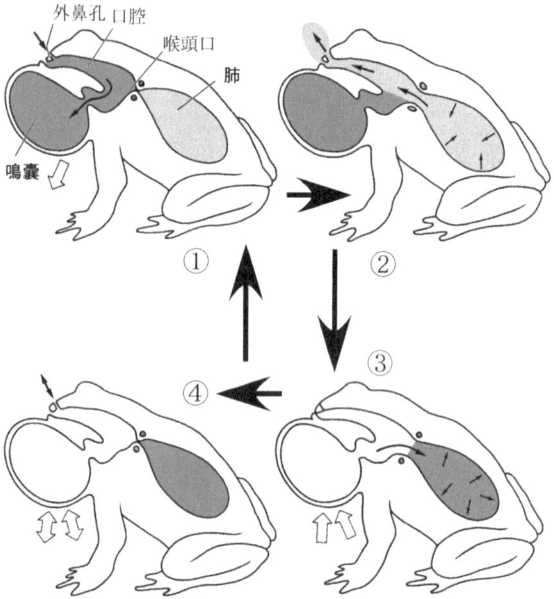

図2-40　**カエルのオスの換気**（Gansを改変）
①口を閉じた状態で口腔底を下げ、外鼻孔から口腔の下にある鳴嚢に空気を入れる。このとき、口腔粘膜の多数の毛細血管でガス交換の一部が行われる
②喉頭口を開いて、肺の古い空気を吐き出す
③肺が空になると外鼻孔の弁を閉じ、口腔底を上げて鳴嚢を収縮させ、鳴嚢内の空気を肺に圧入する
④肺に空気が入ると喉頭口を閉じ、肺でガス交換を行う。この間、新しい空気を鳴嚢内に出し入れして、口腔粘膜でもガス交換を行う

空気で膨らむとソーセージに似た形状となる（図2-41）。

有尾類の肺で見るべきポイントは、尾側部にある「気嚢《きのう》」という空気の溜まり場である。この領域はガス交換にはほとんど関与しないが、爬虫類や鳥類の肺ではこれが発達していく。

有尾類が空気を吐く際は、すべての空気が排出されるわけで

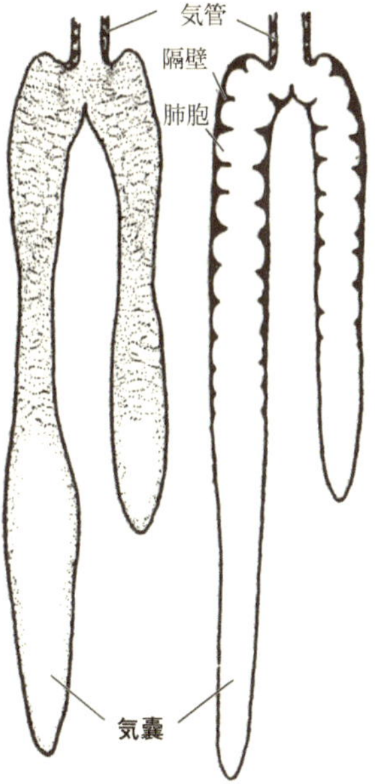

図2-41
有尾類（イモリの仲間）の肺
有尾類の肺は隔壁により多くの肺胞に分かれている。肺の尾側部はガス交換機能を失い、気嚢となっている。気嚢は爬虫類や鳥類で発達した

はなく、肺や気管に少量の空気が「残気」として残る。次に空気を吸い込むと、新しい空気は残気と混合しながら肺に入る。すると肺の先端部には酸素含有量の低い空気が入ることになり、ガス交換にはあまり役に立たない。このため、肺の先端部は次第にガス交換機能を失って、気嚢になった。

気嚢は平時にはほとんど機能していないが、換気が長時間できず、肺の主要部で空気の酸素含有量が少なくなったときなどに収縮・拡張して、気嚢内の空気と主要部の空気を混合し、換気する。つまり気嚢は空気貯蔵庫と、「ふいご」の役割を兼ね備えている。この機能が爬虫類や鳥類で発展していく。

有尾類の中には、皮膚や口腔粘膜による呼吸だけで十分にガス交換できるため、肺を完全に退化させてしまった動物がいる。幼生期には食道のわずかな陥凹として呼吸器の痕跡を認めることができるが、成体になるとそれも消滅してしまう。日本

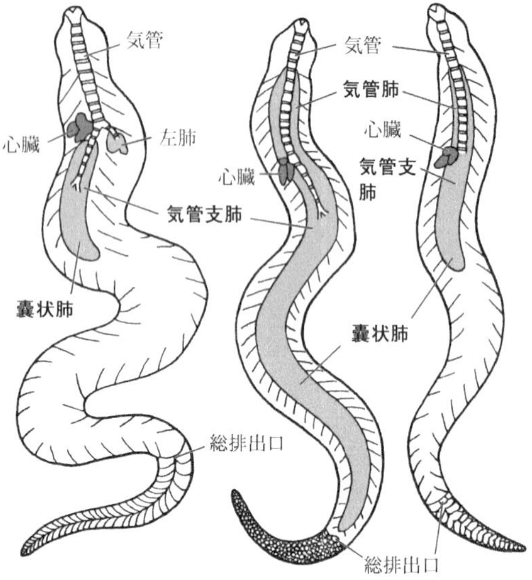

図2-42　**ヘビの肺**（Guibéを改変）
左：*Ptyas mucosus*　中：*Disteira cyanocincta*　右：*Echis carinatus*　体長は縮小して示した

に棲息する肺のない有尾類としては、ハコネサンショウウオが知られている。

▸▶▶ 爬虫類の肺

爬虫類は皮膚が角化して皮膚呼吸がほとんどできなくなったため、肺が主要な呼吸器になっている。爬虫類の肺は、非常に変化に富んでいる。

①肺の形態

ヘビ類の肺（図2-42）は細長く、動物によっては体のほぼ全長にわたって伸びている。肺は頭方から尾方に向かって「気管肺」「気管支肺」「嚢状肺」の３部に分けられる。気管肺は気管の周囲が拡張し、多くの血管が分布してガス交換ができるよう

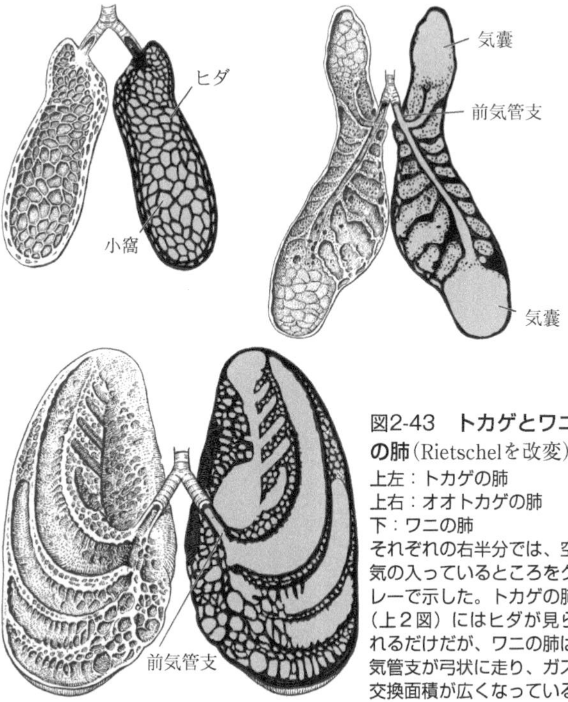

図2-43　トカゲとワニの肺（Rietschelを改変）
上左：トカゲの肺
上右：オオトカゲの肺
下：ワニの肺
それぞれの右半分では、空気の入っているところをグレーで示した。トカゲの肺（上２図）にはヒダが見られるだけだが、ワニの肺は気管支が弓状に走り、ガス交換面積が広くなっている

になったもので、私たちの気管に相当する。気管支肺は私たちの肺に相当し、細かく枝分かれした気管支が分布していて、ガス交換の中心になっている。嚢状肺は両棲類の有尾類の肺に見られた、気嚢である。ヘビ類は大きい餌を飲み込む際に、気管が圧迫されて、しばらく換気できないことがある。このようなときに嚢状肺が収縮・拡張し、換気を受けもっている。

トカゲ類の肺（図2-43上左と上右）は両棲類の肺とほとんど同じだが、ワニ類の肺（図2-43下）は、数本の気管支が弧を描くように頭背方に向かって走っている。肺は全体として海綿状

図2-44　**カメレオンの肺**（Wiedersheimを改変）
多数の気嚢をもち、鳥類の肺の原形になった

で、ガス交換面積が非常に広くなっている。ワニの肺には、気嚢はなくなっている。

カメレオン類の肺は、多数の気嚢が突出している（図2-44）。気嚢は空気の貯蔵所であるとともに、ここから空気を出して防御や敵の威嚇に使われることがある。この気嚢群は、鳥類の肺で大きな発展を遂げる。

②換気のためのユニークな構造

爬虫類の肺では、魚類や両棲類の口腔ポンプに代わって、「吸引ポンプ」によって換気を行う。これは肋骨を動かして、肺を収容する胸腔の体積を変化させることで空気を出し入れするしくみである。肺には筋組織がないので、肺そのものの力で拡張・収縮はできない。このため、多くの爬虫類では、肋骨を動かすことで肺の大きさを変化させ、肺に空気を出し入れしているのである。

面白いのはワニ類などの換気で、肋骨のほかに肝臓も動かして呼吸している（図2-45）。

また、カメ類は肋骨が甲羅と癒着していて動かすことはできず、腹壁も硬く、腹筋も退化しているが、ユニークな換気法で

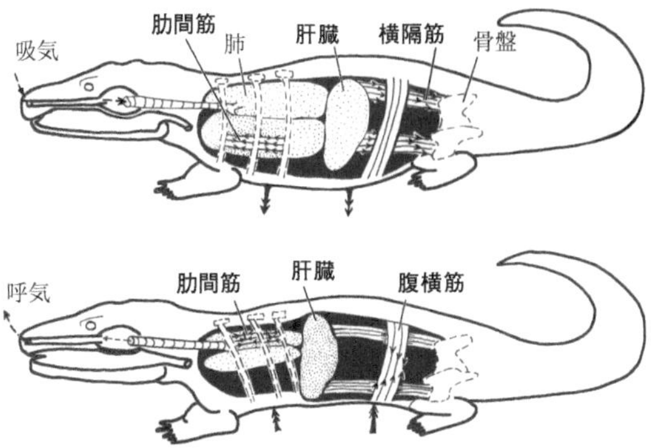

図2-45　**ワニの換気**（Gansを改変）
ワニの肺は、肝臓のすぐ頭方の「胸腔」に入っている
上：吸気のときは、肝臓と骨盤の間の横隔筋が収縮して肝臓を尾方に引っぱる。さらに肋間筋が弛緩して胸腔を広げる。この結果、胸腔が広がって肺に空気が入る
下：呼気のときは、腹横筋が収縮して腹腔が縮小し、肝臓を頭方に移動させる。さらに肋間筋が収縮して胸腔が小さくなり、肺が圧迫されて空気が外に出る

苦境を乗り切っている（図2-46）。

なお、ウミガメなどの水棲のカメ類では、水中では、口腔、咽頭などの粘膜で呼吸することで酸素不足を補っている。このため、非常に長い時間、水に潜ったまま過ごすことができる。冬季に1ヵ月以上も凍った海に閉じこめられても、問題なく生きていたという記録もある。

鳥類の呼吸器系

鳥類の呼吸器は、空気呼吸器としてもっとも優れた機能をもっている。特徴として、肺のほかに大きく発達した気嚢をもっていることがあげられる。そのために、エベレスト上空のように空気の希薄な超高空でも飛行できる。

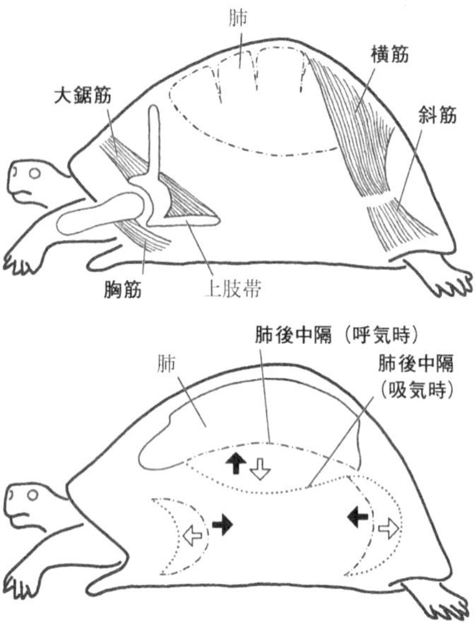

図2-46　**リクガメの呼吸**（GansとHughesを改変）
上：主要な呼吸筋
下：呼気時（➡）と吸気時（⇨）の変化
カメの肺は体の背側部、甲羅のすぐ腹方にある。肺の腹側面には「肺後中隔」があって筋がついている。カメが肢を出したり引っ込めたりすると肺後中隔が上下し、胸腔の大きさが変わるため、肺に空気を出し入れできる

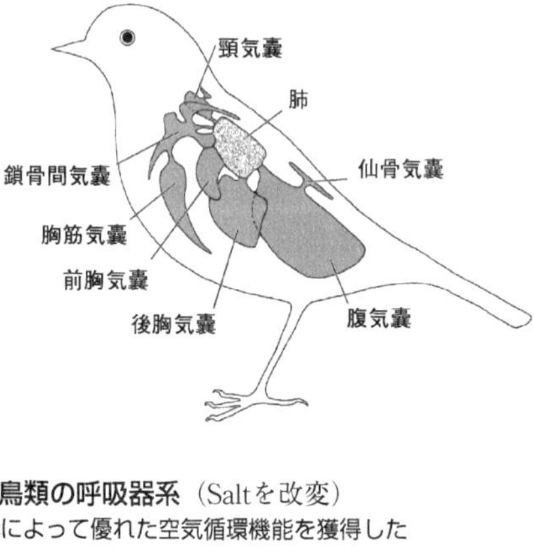

図2-47　**鳥類の呼吸器系**（Saltを改変）
多くの気嚢によって優れた空気循環機能を獲得した

①秀逸な呼吸システム

鳥類の呼吸器は肺といくつかの気嚢で構成されていて、全体としては頚部から骨盤の上端に達する大きな器官系である（図2-47)。ただし肺そのものは小さく、胸腔の背側部にあり、扁平な三角形または四角形をしている。

気嚢は「前気嚢」と「後気嚢」に分けられる。気嚢にはガス交換機能はなく、膨らんだり、萎《しぼ》んだりして、空気を循環させるふいごの役割を果たす。気嚢が大きく膨らんだときの容積は、体全体の15〜20%にもなる。気嚢の一部は骨にも入り込んでいて、化石から、一部の恐竜にも骨に入り込んだ気嚢があったことが知られている。

鳥類の呼吸器系がほかの動物のそれと決定的に違う点は、肺そのものは拡張も収縮もせず、空気の移動はすべて気嚢が担っていることである。つまり、ガス交換をする部分と、ガスの移動に関与する部分がまったく別個になっているのである。

もう一つ、鳥類の肺では新鮮な空気がたえず一方向に流れつづけていて、活発なガス交換が持続的に行われることも大きな特徴である（図2-48)。

ガス交換は「傍気管支」から出る「毛細気管支」と、毛細血管の間で行われる。毛細気管支は、毛細血管と直交して走行している。このため、つねに新鮮な空気と新鮮な血液の間でガス交換が行われる。このきわめて巧妙なガス交換系を「交叉流交換系」と呼ぶ（図2-49)。

②空気の循環機構

鳥類の呼吸器系は、爬虫類の吸引ポンプがより効率的に発達したものである（図2-50)。気嚢自体には拡張・収縮する機能はなく、胸腔の容積を変動させることによって、受動的に気嚢

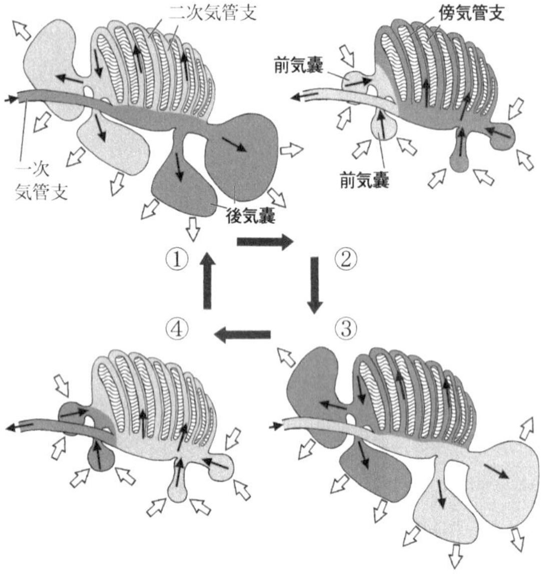

図2-48　**鳥類の換気**（ScheidとPiperを改変）
一次気管支から出ている二次気管支には、数本ずつの背側二次気管支と腹側二次気管支があり、多数の細い「傍気管支」でつながっている。傍気管支がガス交換の場である

①1回目の吸気
後気嚢が拡張し、新しい空気が入る。古い空気は二次気管支から肺を通り、拡張した前気嚢に吸引される

②1回目の呼気
後気嚢が収縮し、①で吸い込んだ空気を肺に押し出す。前気嚢は収縮し、古い空気を体外に排出する

③2回目の吸気
再び後気嚢が拡張し、新しい空気が入る。①で吸い込んだ空気は肺を通り、拡張した前気嚢に移る

④2回目の呼気
再び後気嚢が収縮し、③で吸い込んだ空気を肺に押し出す。前気嚢が収縮し、①で吸い込んだ空気を体外に排出する

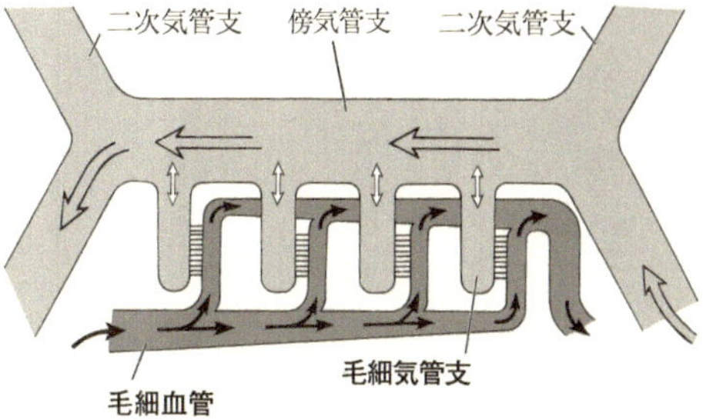

図2-49　**鳥類の肺の交叉流交換系**（Kardongを改変）
⇨：空気が流れる方向　➡：血流の方向
毛細気管支を空気が流れる方向と、毛細血管を血液が流れる方向は直角に交叉しているため、たえず新鮮な空気と新鮮な血液が接することになり、ガス交換が効果的に行われる

の大きさを変化させている。

肋骨をもち上げ、胸骨が上方に動くと、胸郭が前後左右に広がり、胸腔の容積が大きくなる。すると斜隔膜が胸腔に引き寄せられ、腹腔の容積も増大する。肋骨を下げ、胸骨も下がると、胸腔の容積が減少する。胸腔が小さくなると、斜隔膜は腹腔側に突出するため、腹腔の容積も小さくなる。

胸腔や腹腔の容積が変化しても、肺の大きさはほとんど変化しないが、気嚢の大きさは変化する。この変化で重要なのは、気嚢のうち、胸腔にある前気嚢（鎖骨間気嚢や前胸気嚢など）と、腹腔にある後気嚢（後胸気嚢や腹気嚢など）が、それぞれ同時に、収縮または拡張することである。ただし、前気嚢が収縮・拡張したときと、後気嚢が収縮・拡張したときでは、肺内に生ずる空気の流れは大きく違う。

前気嚢と後気嚢が同時に収縮・拡張をくり返すことで、鳥類の肺では、空気がたえず一方向に流れる。ここが、鳥類がすば

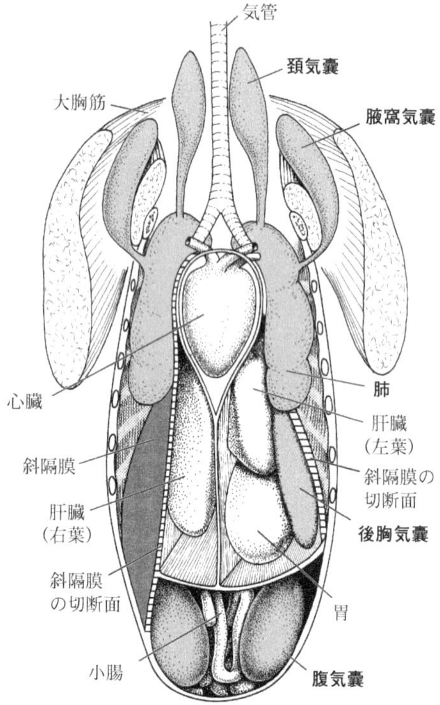

図2-50
鳥類の呼吸器系
(Strasser を改変)
体壁の腹側部を除去して、呼吸器系と心臓、胃、肝臓などを示す。鳥類の肺は小さいが、気嚢は非常に広い領域を占める

らしい呼吸効率を実現している理由である。

哺乳類の肺

哺乳類の呼吸器系（図2-51）では、気管支が肺の中で細かく分枝している。ヒトの呼吸器系を中心に見てみよう。

心臓が左に偏っているため、左右の肺の容積比は5：6で、左のほうが小さい。右肺は上葉、中葉、下葉に分けられ、左肺は上葉と下葉に分かれる。各肺葉はほぼ完全に分離している。

気管は左右の気管支に分かれて、肺に入る。気管支は左右で

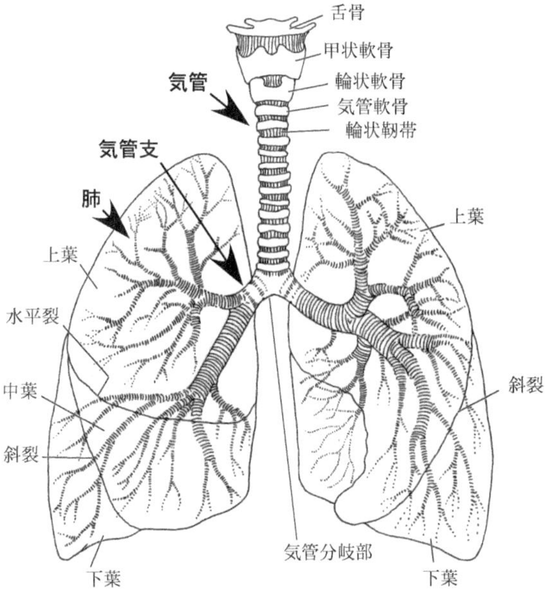

図2-51　哺乳類（ヒト）の気管と肺（DeCourseyを改変）
哺乳類の肺では気管支が細かく枝分かれしている

形態学的な違いがあり、右は太く、かつ正中面となす角が小さい。左は細く、正中面となす角が大きい。このため、誤飲した異物は右気管支に入ることが多い。

肺に入った気管支は15〜20回の分枝のあと、最後は肺胞となって終わる（図2-52）。肺胞の直径は0.1〜0.2mmと小さいが、ヒトの肺には約３億個あり、すべての肺胞を広げるとテニスコートのほぼ半分の面積になる。肺胞の周囲には多数の毛細血管が分布し、肺胞内の空気との間でガス交換が行われる。

呼吸器内の空気のうち、ガス交換に関わっているのは肺胞の中の空気のみである。ガス交換に直接関与しない部分を「死

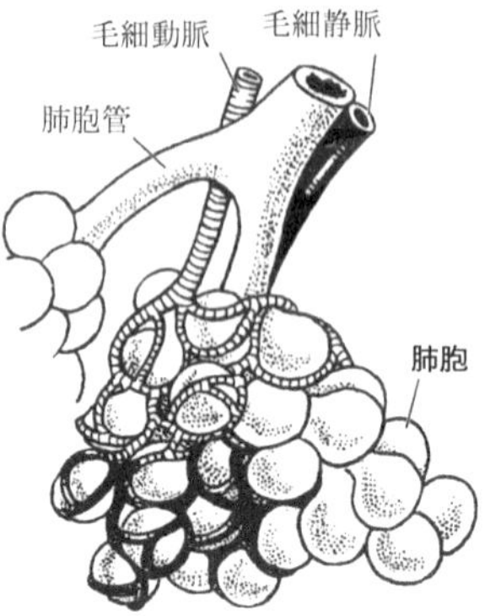

図2-52 ヒトの肺胞
（Roperを改変）

腔」という。その容積は呼吸器に含まれる全空気量から肺胞の容積を引いたものであり、約150mℓもある。しかし、死腔は吸気を暖め、加湿し、塵埃を除去するほか、外気が肺に入り込む際に、適当な抵抗を与えて急激に肺胞が膨張するのを防止するなど、有用なはたらきもしている。

▸▶▶ 哺乳類のガス交換

肺胞でのガス交換は、圧力の高いほうから低いほうに向かって流れる拡散により行われる。

酸素については、肺胞内の圧力は100mmHg、血液内の圧力は40mmHgなので、酸素は肺胞から血液に向かって拡散する。炭酸ガスについては、血液内の圧力は46mmHg、肺胞内の圧力は40mmHgなので、血液から肺胞に向かって拡散することになる。

酸素の圧力が20〜30mmHgしかない汚れた空気を吸った場合、肺胞内の血液の酸素の圧力のほうが高いので、酸素は血液から肺胞の空気に流れてしまう。炭酸ガスについても同様である。つまり、汚れた空気を呼吸すると、血液から酸素が奪われたり、炭酸ガスが増えたりすることがありうるのである。

筋、肝臓、脳などの酸素と炭酸ガスの圧力を調べてみると、酸素の圧力は平均30mmHg以下で、炭酸ガスの圧力は平均約

50mmHgである。これらの器官を流れる血液では、酸素の圧力は95mmHgで、炭酸ガスの圧力は40mmHgである。したがってこのような器官では、酸素は血液から器官に移動し、逆に炭酸ガスは器官から血液に移動する。

呼吸器で取り入れた酸素は、血液中の赤血球に含まれるヘモグロビンという色素タンパク質と結合してさまざまな器官に運ばれ、器官内に入ると、ヘモグロビンから離れて器官に移る。水棲動物でも、同じ方式で酸素が運搬される。

筋、肝臓、脳などで産生された炭酸ガスは、血液がこれらの器官を流れる間に血液中に入り、血液に含まれる水と反応して重炭酸イオンと水素イオンになり、肺に運ばれる。肺では、重炭酸イオンは炭酸ガスに戻り、肺胞を経て外に排出される。

魚類の肺はどうなったのか

この章の最後に、多くの魚類にも見られた肺の原基が、その後どうなったのかを見ておきたい。

デボン紀に湖や河川に棲息していた魚類は、乾季を生き抜くために原始的な肺をつくったが、その後、多くが海に移っていった。乾季の心配がない海では、空気呼吸器としての肺は無用になった。だが、海に移った魚類は、せっかくつくった肺を退化させることなく、別の機能をもつ器官につくり替えた。それが「鰾《うきぶくろ》」である（図2-53）。

鰾とは、中に酸素などのガスが詰まった嚢状（袋状）の器官であり、多くの硬骨魚類がもっている。

魚の体は水よりも比重が重いため、水中で静止すると体が沈んでしまう。そこでガスを含んだ鰾をもつことで比重を軽くして浮力を得るとともに、ガスの量を加減することにより、浮力

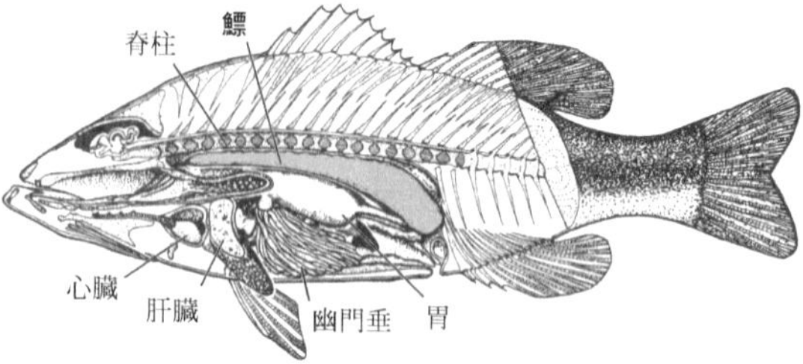

図2-53　硬骨魚類（クロマス）の鰾 (Laglerを改変)

を調節することもできるようになったのである。この機能のためには、比重の軽い鰾は背側部にあるほうが体位を維持しやすい。

図2-54に、鰾の進化の道筋を示した。水面で空気を吸い込み、「鰾気管」を通して鰾に入れている魚を「開鰾類《かいひょうるい》」といい、ニシン類やコイ類など、硬骨魚類のほぼ半数がこれに属する。その後、鰾自体がガスを産生するようになり、鰾気管が退化消滅した「閉鰾類《へいひょうるい》」も現れた。メダカ類やヨウジウオ類などがこれに属する。スズキ類は稚魚の段階では開鰾だが、成魚は閉鰾となる。カレイ類やタラ類は成魚になると鰾が消失するので、「無鰾類《むひょうるい》」と呼ばれる。

鰾をもつ魚は深海に潜るときは、鰾が水圧に圧迫されて小さくなるため、内部のガス量を増やして鰾が圧縮されないようにしている。また、深海から浮上するときは鰾内のガス量を減らし、ゆっくり浮上している。深海魚を釣り上げたときに鰾が破裂するのは、水圧が急激に減少するからだ。

しかし、実際にはガス量の調節には時間がかかるため、急上昇や急降下の際には、鰾の存在がかえってマイナスになることもある。浅海と深海を往復するハダカイワシには鰾が欠如して

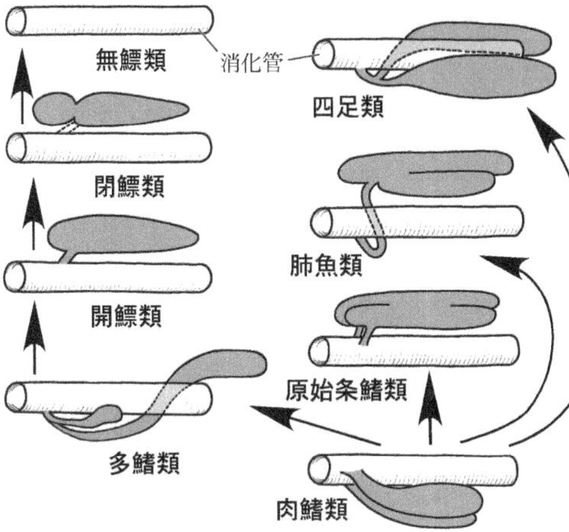

図2-54 **肺と鰾の進化**（Goodrichを改変）
肉鰭類などに見られた魚類の肺は、一方では右側のルートをたどって肺となり（原始条鰭類→肺魚類→四足類）、もう一方では左側のルートをたどって消化管の背方に移り、鰾となった（多鰭類→開鰾類→閉鰾類→無鰾類）

いるが、二次的に退化したのではないかと考えられている。

このように現在では多くの魚類で浮力調節器官となった鰾だが、ニシンやコイなどの開鰾類では、いまも鰾が外呼吸器官として使われることがある。これらの魚のほとんどは、水中の酸素が欠乏すると水面に出てきて、口を開けて空気を取り込む。

鰾にまったく新たな機能をもたせた魚も現れた。カサゴ、フグ類やマアジ類などは、鰾を振動させて、威嚇や、仲間との交信などのための発音器官としている。また、マイワシやコチダラ、コイやフナなどは鰾を聴覚器として、水中を伝わる音を鰾の内部の空気の振動に変換することで、非常に鋭敏な聴覚を得ている。

軟骨魚類の戦略

ところで、ほとんどの硬骨魚類が鰾をもっているのに、軟骨魚類は鰾をもっていない。その理由については、いったんは肺原基ないしは肺ができたが、鰾にならずに退化消滅したという説と、もともと肺原基ができなかったとする説がある。

鰾がない魚は、静止すると体を適切なレベルに維持できずに沈んでしまうため、長時間の休養がとれないばかりか、場合によっては終生、泳いでいなければならない。深海にまで沈めば水圧で圧死してしまう危険もある。

そこで、これらの魚類は、いくつかの対策を講じた。

その一つが、比重の軽い軟骨性の骨格をもち、体が浮きやすくなるようにしたことである。この骨格が、「軟骨魚類」という名称の所以である。

もう一つが、骨格や皮下組織、筋などに多くの脂肪をもったことである。その比重の平均は約0.9で、水よりも軽い。これが鰾のかわりに軟骨魚類がつくった“うき”なのである。

軟骨魚類ではとくに、肝臓に大量の脂肪を蓄えているものが多い。サメの1種では肝臓が体重の10〜15%もあり、肝臓の脂肪含有量が50%に達するものがいる。この脂肪のおかげで、かなりの浮力を稼ぐことができる。市販されている「肝油」は、軟骨魚類の肝臓の脂肪である。そのほか、腸間膜や卵にも脂肪が蓄えられている

肺も鰾もない軟骨魚類はこうした進化を遂げることで大いに発展し、魚類の中の一大勢力となっている。

第3章 消化器系の進化

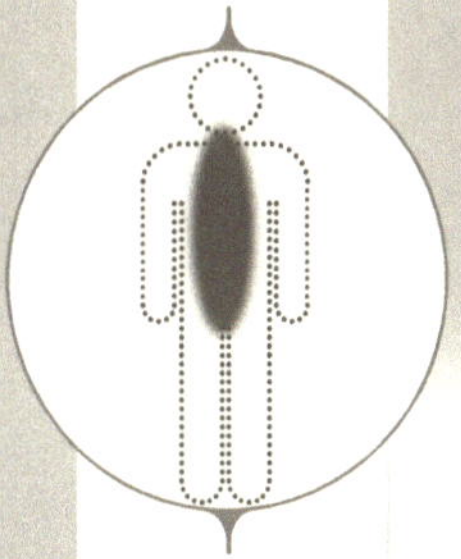

元来は肉食だった動物たちが
生き残るために草食を選んだとき、
植物を消化するための〝奇策〟が講じられた。

消化器系は動物の進化の過程でもっとも早くからつくられた器官系の一つである。おおまかにいうとそれは、口腔から肛門に至る1本の長い「管」なのだが、そのありようは動物種によって多岐にわたっている。

進化における消化器系の最大のイベントは「植物を食べる」という選択をしたときに起こった。実はすべての動物は、元来は肉食だったのだが、過酷な生存競争を生き残るため、植物を口にするものが現れた。最初、それは決して食用には適さなかったが、“あるもの”と手を結んだ動物たちは、ついに植物を食べられる消化管を手に入れたのである。

あらゆる動物の消化器系は、たった1つの思想に裏打ちされている。それは、数少ない機会をとらえて得た餌を、いかに無駄なく利用し尽くすかという「もったいない」の思想である。消化器系は、そのための工夫に満ちている。

1 消化器系のはじまり

ウニのようにヒトと姿がまったく違っている動物でも「1本の管」という意味で、消化器系の基本構造は同じである。消化管のはじまりの姿を、ウニの発生を通して見ていこう。

ウニに見る消化器系の発生

図3-1はウニの胚の成長を示したものである。発生初期の受精卵では「卵割」と呼ばれる細胞分裂が進む。胚の成長段階を、卵割によってできた割球の数によって「2細胞期」「4細胞期」「8細胞期」などという（①〜③）。

32細胞期から64細胞期には胚が桑の実のような形になるの

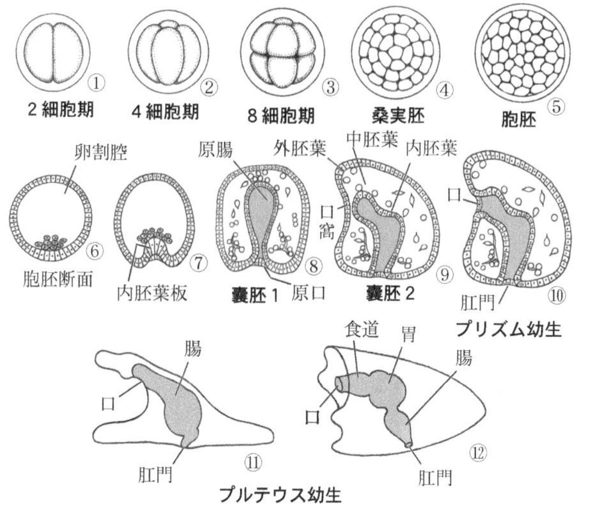

図3-1　**ウニの初期発生**（Horstadiusを改変）
グレーの部分が消化管

で、この時期の胚を「桑実胚《そうじつはい》」と呼ぶ（④）。さらに発生が進むと、割球は胚の表層に並び、内部に「卵割腔」という大きな腔所ができる。この段階の胚を「胞胚」と呼ぶ（⑤、⑥）。この頃、胚の表面には線毛が生え、表層を覆っていた膜が溶けて、胚は海中を遊泳できるようになる。

胞胚には次に、壁の1ヵ所に背の高い細胞が集まって「内胚《ないはい》葉板《ようばん》」ができる（⑦）。そこを中心に、胞胚の一部が陥入する。この段階の胚を「嚢胚《のうはい》」と呼ぶ（⑧）。陥入して胚の内側に落ち込んだ部分を「原腸」、陥入の入り口を「原口」と呼ぶ。原口は、のちに「肛門」となる。

陥入によって、嚢胚には二重の細胞層（胚葉《はいよう》）が形成される。このうち内方の細胞層を「内胚葉《ないはいよう》」、外方の細胞層を「外《がい》胚葉《はいよう》」と呼ぶ。また、両者の中間には「中胚葉《ちゆうはいよう》」が形成される。

原腸の先端は、外胚葉に向かって近づいていく。すると、対向する外胚葉に「口窩《こうか》」（口陥）という浅い窪みが現れる（⑨）。やがて原腸の先端が口窩に接触するとそこに孔があき、これが「口」となる（⑩）。原口から口につながるこの腔所が、消化管に発達していく。ウニの場合は時間的に見ると、肛門（原口）が先につくられ、口は遅れてできることになる。この段階の胚を、外形がプリズム型をしていることから「プリズム幼生」という。ウニは受精後数日でプリズム幼生となる。

口から肛門まで、消化管が貫通すると、ウニは「プルテウス幼生」となり（⑪、⑫）、それまで細胞内の卵黄で生活していたのが、プランクトンなどを餌にして独立した生活をはじめる。プルテウス幼生の大きさは約1mmである。単純な円筒状だった原腸には、2つのくびれができる。口に続いて「食道」ができ、中央のふくらみは「胃」に、その下の再び細くなった部分は「腸」になる。前述のように原口は肛門となる。

消化管はこのようなプロセスでできあがったと考えられる。

前口動物と後口動物

動物は「原口」と「口窩」のどちらが成体の口になるかを基準にして、分類することができる（図3-2）。

ウニのように口窩が口に、原口が肛門になる動物を「後口《こうこう》動物」といい、触手動物、棘皮動物、原索動物、脊椎動物などがこれにあたる。ウニは棘皮動物である。

反対に原口が口に、口窩が肛門になる動物を「前口動物」と呼ぶ。毛顎動物、扁形動物、紐形動物、線形動物、輪形動物、環形動物、軟体動物、節足動物などがこれにあたる。

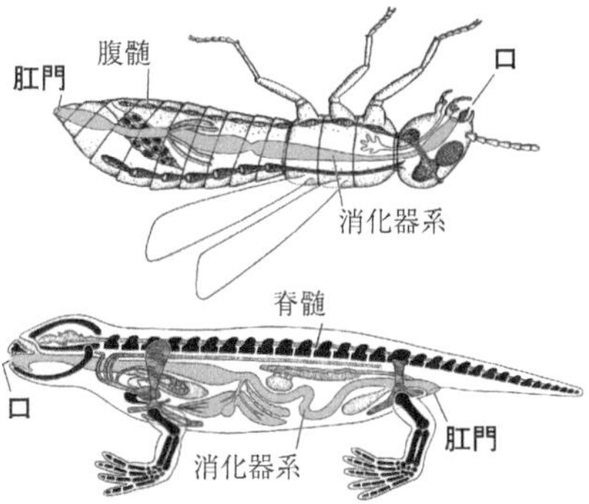

図3-2　**前口動物と後口動物**（Kühnを改変）
上：前口動物（ハチ）
下：後口動物（両棲類）
前口動物と後口動物は、発生学的に口と肛門のどちらが先にできるかを基準にすると、口と肛門の関係が逆になる。また、中枢神経系（脊髄や腹髄など）と消化管の位置関係を基準にすると、背と腹の関係も逆になる。前口動物でもっとも進化していると考えられる昆虫類では腹髄の背方に消化器系があるが、後口動物でもっとも進化している脊椎動物では脊髄より腹方に消化器系がある

2 さまざまな消化器系

では、脊椎動物の消化器系がどのように進化してきたかを見ていこう。消化器系は動物種により大きく異なるところが面白い。その違いはおもに、肉食、雑食、草食といった食性や、水棲か陸棲かといった棲息場所に起因する。

動物による形態の違い

基本的に消化器系とは、口腔から肛門に至る「消化管」と、消化管から分化した「消化腺」で構成される。消化管は頭側から口腔、咽頭、食道、胃、腸（小腸、大腸）に区分され、消化

腺には「唾液腺」「肝臓」「膵臓」などがある。

まず、それぞれの動物の消化器系の全体的な形を、おおまかに見ていくことにしたい。

①円口類の消化器系

円口類のヌタウナギ類とヤツメウナギ類は、いずれも長い円筒状の体形をしている。消化管は食道から腸まで、ほとんど太さが変わらない。腸の初めのところに肝臓がある（図3-3）。

②魚類の消化器系

円口類の消化器系より分化が進み、食道、胃、腸を区別することができる（図3-4）。食道は直線的で短く、胃は直線状、またはアルファベットの「J」の字の形をしている。肝臓は胃の近くにあり、形は魚種によってさまざまである。膵臓は軟骨魚類では独立した器官になっているが、硬骨魚類では種によって違いが多い。

③両棲類の消化器系

両棲類は水棲の幼生から陸棲の成体に変態するとき、食性が大きく変わる。変態前は草食、雑食、肉食などさまざまだが、変態後はすべて肉食

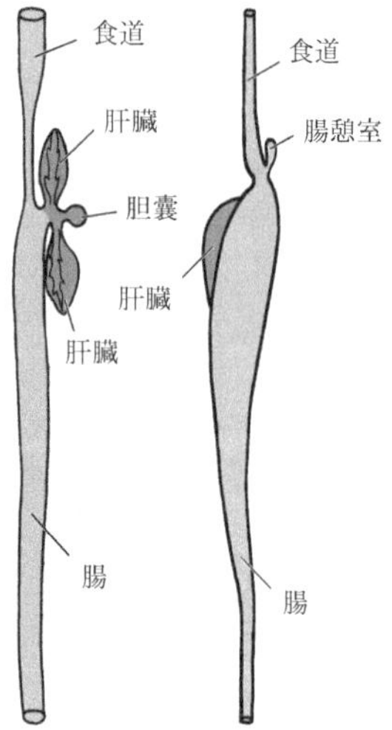

図3-3　円口類の消化器系
（Stempellを改変）
左：ヌタウナギ
右：ヤツメウナギ
消化管は薄いグレー、消化腺は濃いグレーで示した。食道から腸まで、ほとんど区別がつかない

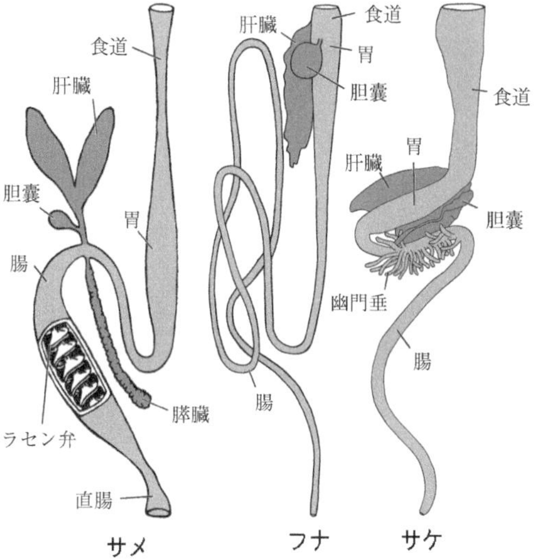

図3-4　**魚類の消化器系**（StempellとParkerを改変）
消化管は薄いグレー、消化腺は濃いグレーで示した（以下、図3-8まで同様）。サメなどの軟骨魚類の腸の内部にはラセン弁がある（後述）。フナやサケの膵臓は腸間膜に散在しているが、省略した

になる。そのため消化管の形態も変わる。最大の変化は、消化管の長さが60〜80％も短縮することである（図3-5）。一般的に消化管は肉食の動物で短く、草食の動物で長くなる傾向がある。

④爬虫類の消化器系

爬虫類の消化管は一般に短い傾向にある。食道、胃、十二指腸、小腸や大腸の区分はかなりはっきりしている（図3-6）。肝臓や膵臓は大きく発達している。

⑤鳥類の消化器系

鳥類の消化器系の大きな特徴は、歯をもたないことである。

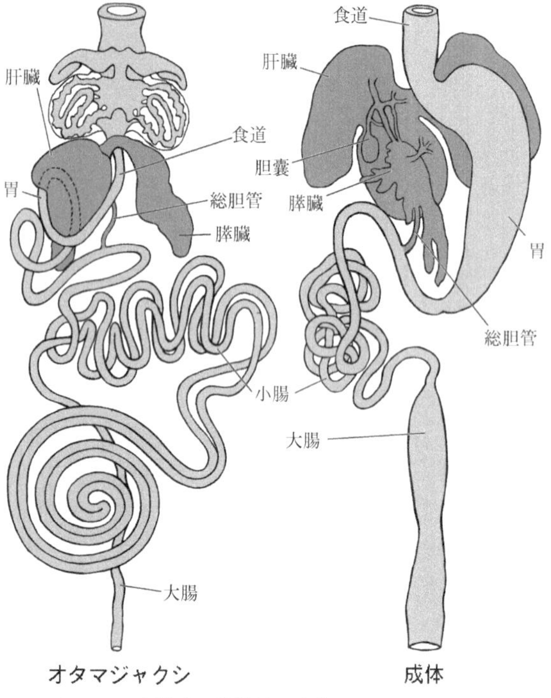

図3-5　カエルの変態時の消化管の変化
（Crun, Gaupp, Butschliを改変）
成体になると消化管が著しく短くなる

しかし鳥類は代謝回転率（体内で古い物質が新しい物質に置き換わるまでの時間の指標で、代謝回転を「ターンオーバー」ともいう）が高いので、消化吸収を速やかにする必要があり、後述するように歯の代わりを「砂嚢《さのう》」という器官が務めることになった。また、食道の一部は「嗉嚢《そのう》」という器官になった（図3-7）。

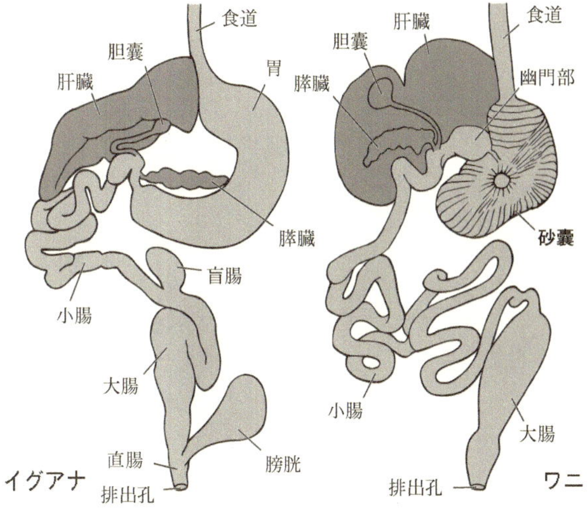

図3-6　爬虫類の消化器系（Romerを改変）
爬虫類の消化管は一般に短い。ワニの砂嚢は鳥類に継承された

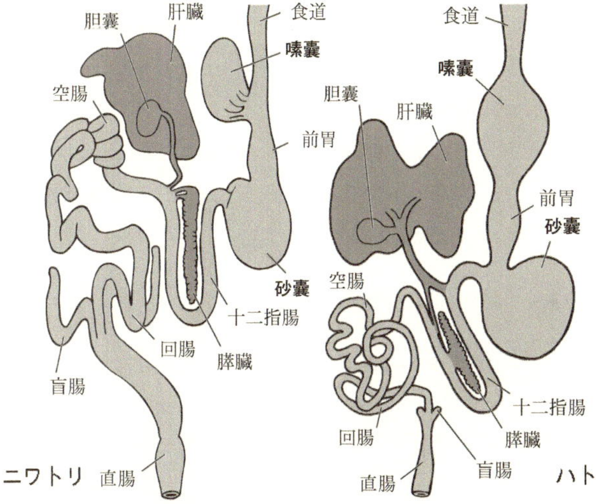

図3-7　鳥類の消化器系（Stempellを改変）
鳥類の消化器系は嗉嚢と砂嚢に特徴がある（後述）

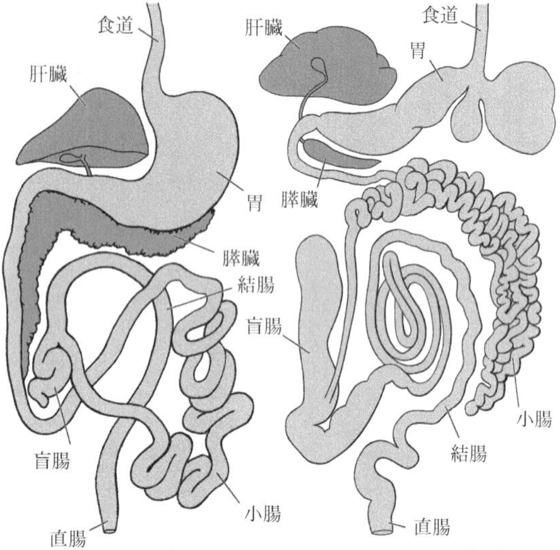

図3-8 **哺乳類の消化器系**（Dobbersteinを改変）
肉食動物（イヌ）と草食動物（カモシカ）では形態が大きく異なる

⑥哺乳類の消化器系

哺乳類になると草食動物が大きく台頭してくるため、肉食動物とは大きく異なる消化器系が現れる（図3-8）。草食動物の腸管は非常に長く、複雑な走行をしている。

▸➤➤ 口腔の進化 ❶歯の進化

では、消化器系の各器官に注目して、その進化を追っていこう。消化管の最初の部分は「口腔」である。そこには歯、舌、唾液腺などが含まれる。まずは歯の進化を見ていく。

①円口類の歯

脊椎動物の歯には「表皮歯」と「真性の歯」の２種類があ

る。表皮歯はもっとも原始的な歯で、表皮の一部が硬くなって円錐状に突出したものである。円口類は表皮歯をもっている。

ヌタウナギはおもに死体に群がり、その肉を削り取って生活している。口の左右に2列の「歯板」が並び、口腔の正中部にも「咽頭歯」がある（図3-9）。

顎をもたないこれら円口類の表皮歯は、噛んだり切ったりするためではなく、肉を削り取るためのものである。だが、魚類以降になると表皮歯では十分に機能が果たせなくなり、「真性の歯」に取って代わられた。

②魚類の歯

魚類以上の多くの動物は、真性の歯をもっている。基本的な構造はどれも同じで、多くの場合、もっとも表層は、歯冠ではエナメル質、歯根ではセメント質である。その内方には象牙質があり、中心部に歯髄がある。

真性の歯の起源は「真皮《しんぴ》骨《こつ》」であると考えられている。原始的な「真皮」（表皮の下の結合組織）は、結合組織とその中の骨組織で構成されていた。骨組織の一部は魚類の「鱗《うろこ》」として残っている。歯は軟骨魚類の鱗（楯鱗《じゅんりん》）の一部から分化したと考えられている。

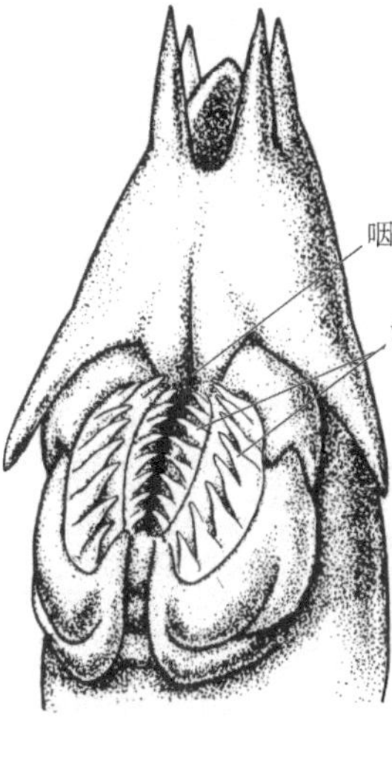

図3-9　ヌタウナギの頭部
（Dawsonを改変）

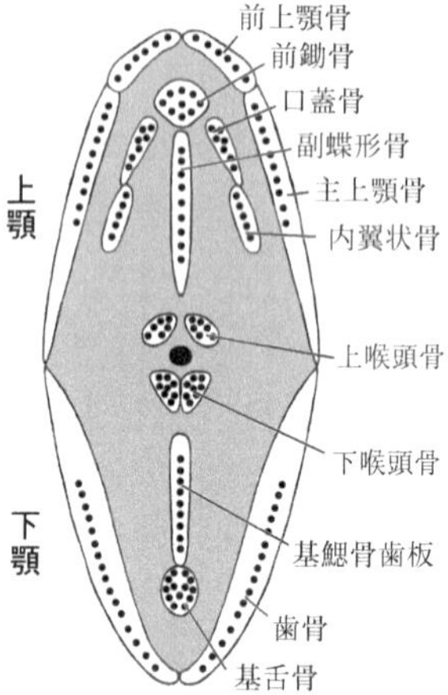

図3-10　**真骨類の歯の配列**
（岩井を改変）
魚類の歯には顎や口腔内の骨に生える顎歯と、咽頭を構成する骨に生える咽頭歯とがある

多くの魚類は鋭い歯をもっている。おもなはたらきは餌を食いちぎること、捕らえた餌を逃がさないことで、咀嚼はしない。食性により歯の形は変わる。動物食の魚類は円錐状、タイなどの貝殻を食べる魚類は臼歯《きゅうし》状、岩に付着している海藻などを食べる魚類の歯は門歯状になっている。

歯は生える場所によって「顎歯」と「咽頭歯」に分けられる（図3-10）。顎歯は顎や口腔内の骨（主上顎骨や口蓋骨など）に生える歯である。咽頭歯は咽頭を構成する骨に生え、大きな獲物を噛み砕いたり、飲み込んだりするのを助ける。コイ類、ベラ類、ウミタナゴ類などに見られる。

小さな浮遊生物を食べるタツノオトシゴ類、コノシロ類、ウルメイワシ類、イワシ類や、高速で遊泳して餌を丸呑みするマグロ類、ブリ類、マカジキ類などは、歯が欠如している。

③両棲類の歯

両棲類も咀嚼はせず、歯はおもに、捕らえた獲物を保持するために使われる。獲物を歯によって小さくすることはあるが、多くの場合はそのまま嚥下する。

カエルなどの無尾類は、オタマジャクシ期には表皮歯のみをもち、成体では上顎の歯のみをもち、下顎の歯はなくなる。し

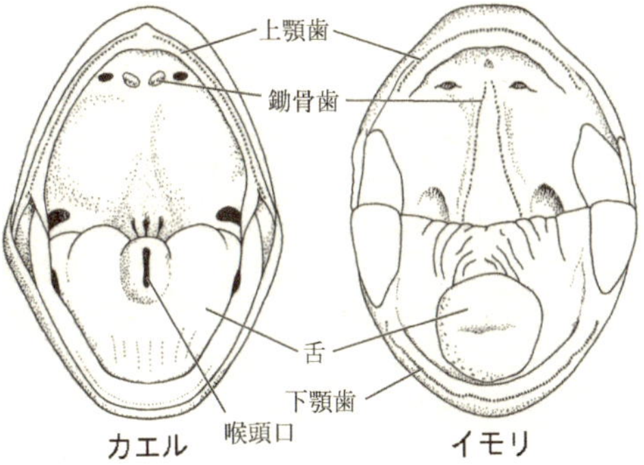

図3-11　両棲類の口腔（森・吉岡とBishopを改変）
無尾類（カエルなど）は成体になると下顎の歯がなくなるが、有尾類（イモリなど）の成体には下顎にも歯がある

かし、イモリなどの有尾類の成体では、下顎の辺縁に沿って下顎歯が並んでいる。上顎には上顎歯と口蓋歯がある（図3-11）。

④爬虫類の歯

爬虫類も咀嚼はせず、歯の主要な役割は獲物の肉を引きちぎる、もしくは捕らえた獲物を逃がさないことである（図3-12）。

ヘビの歯は後方に向かうように生え、顎を動かすたびにくわえた餌は後ろへ送られる。毒腺をもつヘビには大きな毒牙が発達している。ヘビやトカゲの歯は、すべて同じ形をした「同形歯」である。

ワニの歯は、さまざまな形をした「多形歯」となる。歯が多形となるこの傾向は、いまは絶滅した哺乳類様爬虫類で顕著だった。哺乳類様爬虫類は哺乳類を生み出した系統と考えられている。これらの多形歯は、哺乳類に受け継がれていく。

カメは絶滅した種には歯をもつものが知られているが、現生のカメは歯が退化していて、顎は角質の「嘴《くちばし》」になってい

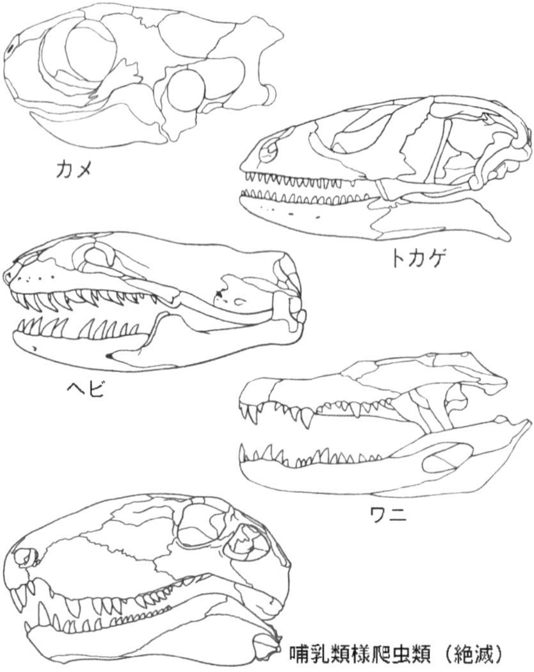

図3-12　**いろいろな爬虫類の歯**（WiedersheimとSmithを改変）
現生のカメでは、歯は退化している。ヘビやトカゲの歯は、すべて同じ形をした同形歯である。ワニの歯は、いろいろな形をした多形歯である。多形歯は、哺乳類様爬虫類を経て、哺乳類に受け継がれた

る。顎が嘴になる傾向は、鳥類になって顕著になる。

⑤鳥類の歯

鳥類の祖先は、恐竜であろうと考えられている。多くの恐竜は非常に鋭い歯をもっていた。だが、原始的な鳥類には歯があったものの、白亜紀（1億4500万〜6600万年前）になると一部の歯が失われた。現在の鳥類は、発生初期には歯が形成されるが、発生の過程で消滅し、結果的に歯は1本もなくなる（図

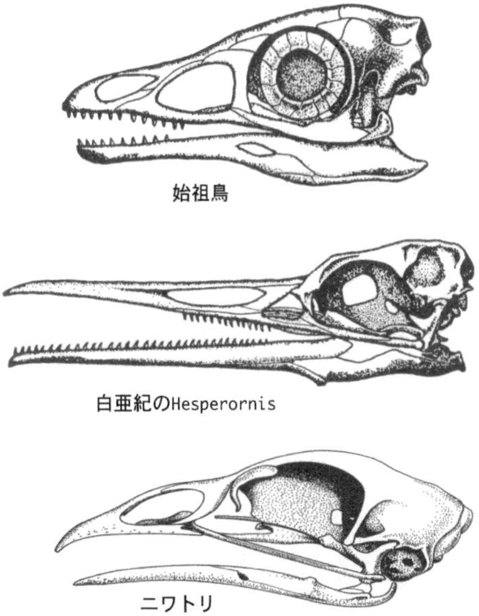

図3-13　鳥類の歯の変遷（Romerを改変）
始祖鳥には鋭い歯が認められるが（上）、白亜紀の鳥類は一部の歯を失い（中）、やがて完全に消失した（下）

3-13)。つまり、鳥類は進化の過程で歯を失ったと考えられる。

歯を失った理由は、一つには体重を減らすことだったのだろう。歯をもつためには、頑丈な顎の骨や、顎を動かす強力な筋も必要になる。また、顎を支えるほかの部分の強度も必要になる。歯を放棄してこれらをすべて省略すれば、頭部の重量が減り、飛行中に重心をとりやすくなる。

頭部の重量が全体重に占める割合は、ハトが0.21%で、ラットは1.25%である。頭部の軽量化だけが歯の喪失の理由ではないのかもしれないが、何らかの寄与をしていることは確かだろう。

⑥哺乳類の歯

第2章で述べたように、哺乳類になって初めて、咀嚼が行われるようになった。そこで、食いちぎる切歯《せっし》や犬歯《けんし》と、噛み砕く臼歯が分化してきた。

哺乳類の歯の種類や数は、肉食でも草食でもほとんど同じである。たとえばイヌとウマはともに切歯3本、犬歯1本、前臼歯4本、後臼歯3～4本である（図3-14）。

肉食動物では臼歯は減少傾向にある。極端なのがネコで、前臼歯は2本、後臼歯は下顎に1本のみで、上顎では欠如している。植物をすりつぶす臼歯は、草食動物で大きく発達した。それぞれの歯が大きく、かつ咬合面が著しく広くなったため、臼

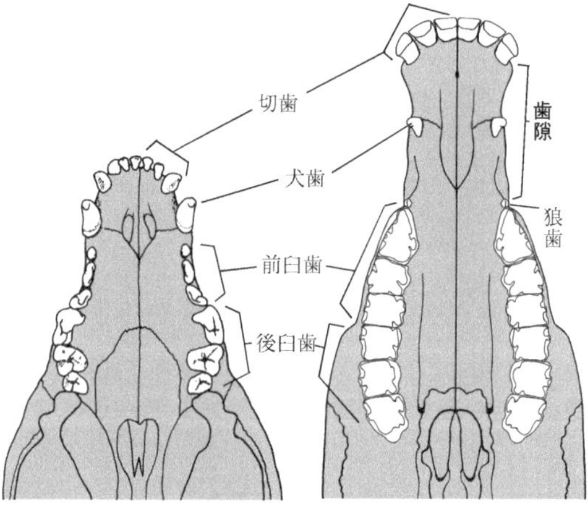

図3-14 哺乳類の歯列（WolffとDyceを改変）
哺乳類は咀嚼をするようになったため、臼歯が発達してきた。臼歯は肉食動物で減少し、草食動物で発達する傾向にある。また、草食動物では歯隙が特徴的である

歯群全体の大きさは、肉食動物よりはるかに大きい。

また、草食動物では切歯と臼歯の間が「歯隙《しげき》」と呼ばれる隙間ではっきりと分かれている。ウシの歯隙は広く、草食から雑食に転じたブタの歯隙は狭い。総じて草食動物は臼歯が大きいうえに歯隙があるため、顎が非常に長い。この傾向がとくに著しいウマは、いわゆる「ウマヅラ」になっている。

▸▸▸ 口腔の進化 ❷舌の進化

舌は口腔底を形成し、多くの場合、筋でできた器官である。根元の部分を「舌根」、中央部分を「舌体《ぜつたい》」、先端を「舌尖《ぜつせん》」という。味覚や触覚などの感覚をつかさどるとともに、発音や嚥下などの運動にも関わっている。

①魚類の舌

魚類の舌（図3-15）は、口腔の底部にある粘膜のヒダであ

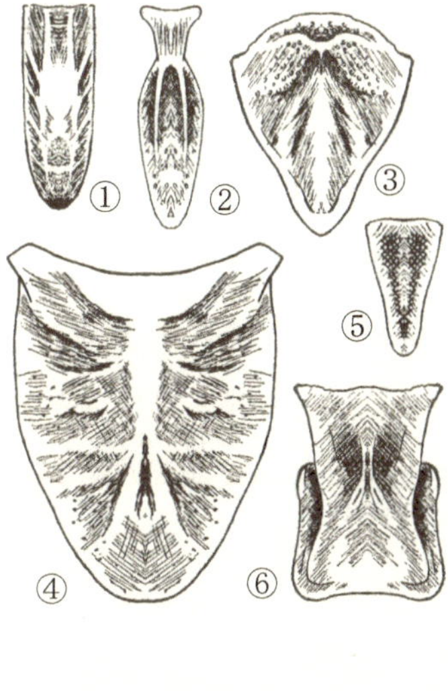

図3-15　魚類の舌
（末広を改変）
①サンマ ②マアナゴ ③メバル ④タラ ⑤キス ⑥コチ
魚類の舌の形状はバラエティに富んでいる

る。筋が含まれていないため可動性はない。表面には味蕾《みらい》（味覚器）が分布している。形はさまざまで、サンマやアナゴのように長円形に近いもの、タラ、キス、メバルのように三角形ないしそれに近いもの、コチのように四角いものなどがある。

②両棲類の舌

両棲類の舌は魚類の舌に比べて大きく発達している。舌には筋が備わり、大きな可動性をもつようになった。両棲類の動作は一般的に緩慢だが、舌で餌を捕らえ、逃がさないように口を閉じるときだけは非常に敏捷である（図3-16）。

無尾類の舌根は下顎の前縁にあり、舌体はふだん、咽頭のほうに折り曲げられている。だが獲物を捕らえるときは外方にすばやく折り返され、口外に突き出して獲物に付着する。

有尾類の舌は変化に富んでいる。一般的に水棲のオオサンショウウオやイモリは舌の発達が悪く、先端をわずかに口の外に

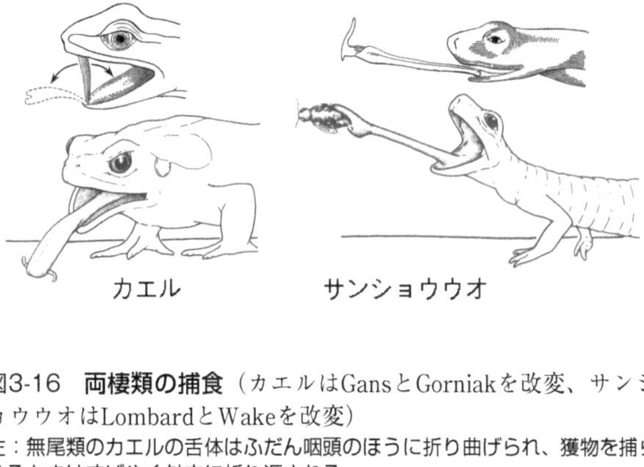

図3-16　両棲類の捕食（カエルはGansとGorniakを改変、サンショウウオはLombardとWakeを改変）
左：無尾類のカエルの舌体はふだん咽頭のほうに折り曲げられ、獲物を捕らえるときはすばやく外方に折り返される
右：有尾類のサンショウウオの舌体はキノコの傘のように大きく、これを長く伸ばして獲物を捕らえる

出せる程度だが、陸棲の有尾類はキノコの傘のような大きな舌をもち、口外に長く伸ばして餌を捕らえる。

③爬虫類の舌

両棲類の舌を舌根として、その前方に新たな部位がつけ加わったものが爬虫類の舌である（図3-17）。

ヘビやトカゲは舌を長く出すことができ、先端部が二股に分かれている。上下の口唇の間には穴が開いていて、口を閉じていても舌を出し入れできる。

一方で、ワニやカメの舌はV字形または長U字形をしていて口腔底の広い範囲を占めているが、動かすことはできない。

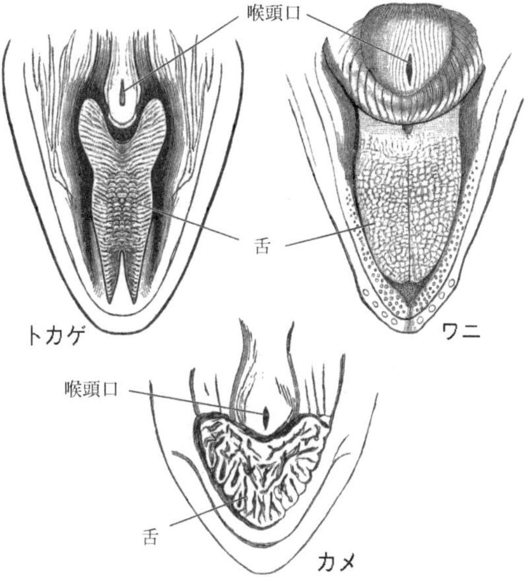

図3-17　爬虫類の舌（Wiedersheimを改変）
トカゲの舌は先端部が二股に分かれていて、外に長く出すことができる。ワニやカメの舌は動かすことができない

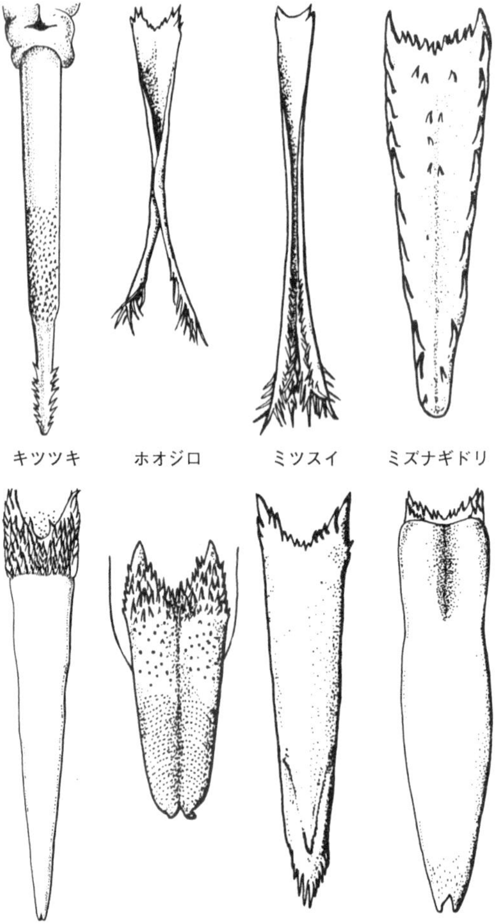

図3-18 **鳥類の舌**（Gardnerを改変）
キツツキ、ホオジロ、ミツスイは食餌を集める舌、ミズナギドリは食餌を処理する舌、アビ、ハヤブサ、ツグミ、カモメは食餌を飲み込む舌

④鳥類の舌

食性により形や機能は異なり、食餌を集める舌、食餌を処理する舌、飲み込むための舌の3種類に分けられる（図3-18）。

食餌を集める舌はキツツキ、ホオジロ、ミツスイなどがもつ。これらの舌は、先端から細い毛状の突起が出ていて、樹皮などの狭い隙間にいる食餌を摂取するのに適している。

食餌を処理する舌はミズナギドリなどがもつ。これらの舌は、左右両端から奥に向かって突起が生えていて、口に入れた食餌が逃げないようになっている。

食餌を飲み込む舌はアビ、ハヤブサ、ツグミ、カモメなどがもつ。これらの舌は、奥に向かう突起が根元に多数生えていて、食餌を飲み込みやすい構造になっている。

⑤哺乳類の舌

哺乳類の舌は舌根が短く、舌体と舌尖が長いという特徴がある（図3-19）。このため、非常に可動性が大きくなっている。とくに草食動物の舌は肉食動物よりもかなり大きくなり、食餌の摂取に大きな役割を果たしている。

▸▶▶ 口腔の進化 ❸口腔腺の進化

動物が陸に上がったとき、大きな問題になったのが口腔の乾燥だった。その対策としてつくられてきたのが、唾液を分泌する「唾液腺」をはじめとする「口腔腺」である。進化の過程で、唾液には消化酵素が含まれるようになった。なかには口腔腺の一部を「毒腺」に変化させ、攻撃あるいは防御に使う動物も現れた。

①円口類と魚類の唾液腺

獲物の血液を吸引するヤツメウナギには、血液凝固を防止す

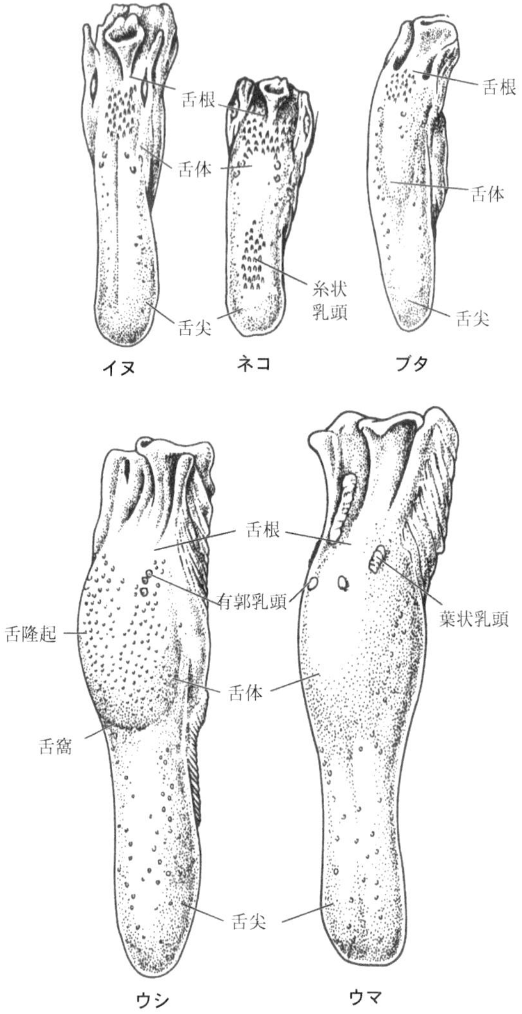

図3-19 哺乳類の舌（Dyceを改変）
舌根が短く、舌体と舌尖が長くなっている。草食動物の舌は肉食動物よりもかなり大きい

る液を分泌する腺がある。

魚類の多くは、口腔粘膜に多数の粘液細胞が含まれていて、そこから粘液が分泌されている。

②両棲類と爬虫類の口腔腺

陸に上がった両棲類の口腔には、粘液細胞のほかに、多くの細胞からなる腺が出現した。それらは存在する部位により「口唇腺」「口蓋腺」などに分けられ、口腔腺と総称される。両棲類の口腔腺からは、舌に粘着性を与えて捕食を助ける粘液などが分泌される。

爬虫類の口腔腺は両棲類よりも大きく発達し（図3-20）、顎の左右両側に長い口唇腺（上唇腺と下唇腺）ができている。口唇腺は種によって変異が多く、トカゲやヘビでは一部が毒腺に変わっている。トカゲ類の毒腺は下唇腺が変化したもの、ヘビ類の毒腺は上唇腺や耳下腺が変化したものである。毒腺の出口には毒牙があり、毒はその溝を通って注入される。

水棲動物のワニやカメでは、口唇腺は欠如している。

③鳥類と哺乳類の口腔腺

鳥類の口腔腺は、食性により著しく異なる。乾燥した穀類を摂取するものはよく発達しているが、海岸に棲息して魚を常食

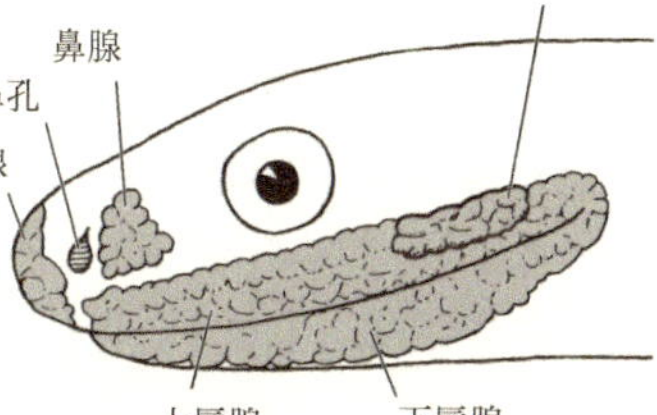

図3-20　**ヘビ類の口腔腺**（SmithとBellaireを改変）

としているものではあまり発達していない。

哺乳類の口腔腺も、陸棲動物でとくに発達していて、なかでも草食動物のほうが肉食動物より大きい傾向がある。水中で生活するクジラでは唾液腺が退化している。

▸▸▸ 食道の進化

食道は咽頭と胃の間にある管状の器官である。食道は輪走筋が次々に収縮して食物を胃に送り込んでいる。この一連の動きを「蠕動《ぜんどう》運動」と呼ぶ。私たちが逆立ちしても胃に食物が入るのは、食道が蠕動運動をしているからである。

①円口類から爬虫類までの食道

円口類のヌタウナギの食道は、咽頭に続く細い管であり、胃がないため次第に細くなって腸に移行する。

魚類の食道は短い。だが縦方向に多くのヒダが走っているため、大きく拡がる構造になっている。大きな餌を摂取したときは、しばらく食道にとどめ、少しずつ胃に送っている。

両棲類の食道も短く、蠕動運動があまり強力ではないため、多数の線毛の運動によって嚥下作用を補っている。

だが爬虫類の食道は、一転して長くなる。直線状で伸展性に富み、大きく広がって食物を一時的に貯蔵できる。

②鳥類の食道

鳥類の食道は、その途中に嗉嚢《そのう》があることが大きな特徴となっている（図3-21)。嗉嚢とは食物を貯蔵するための、伸張性に富む袋状の器官である。食物はその中で軟化し、水分を吸って膨らみ、消化しやすくなる。嗉嚢は食道から横に突出したようになっていて、入り口は筋で開閉できる。入り口が閉じているときは、食物は嗉嚢を素通りして、胃に直接運ばれる。

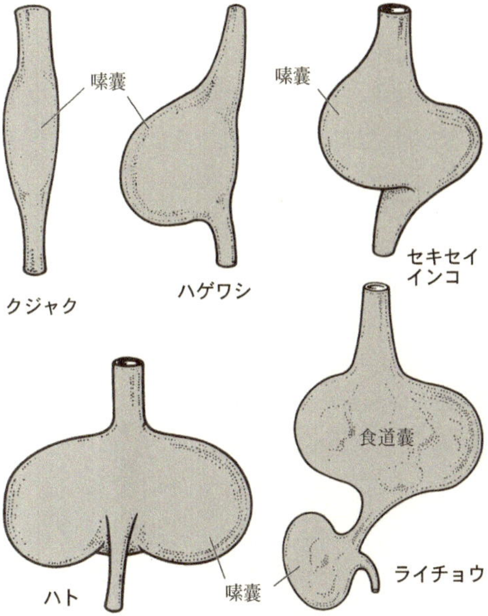

図3-21　**嗉嚢と食道嚢**（Pernkopfを改変）
鳥類の食道に特徴的な嗉嚢は、食道が横に突出したものである。ライチョウは食道の一部が拡張した食道嚢をもつ

雛を育てている間、嗉嚢では、ムコ多糖類やタンパク質などの栄養分に富んだジュースが産生される。ジュースには嗉嚢からはがれ落ちた表皮、嗉嚢にある腺からの分泌物、胃で消化されたものの一部が嗉嚢に戻されたものなどが含まれている。

一部の鳥類は、繁殖期を迎えると食道の一部が拡張して「食道嚢」を形成する。食道嚢には、肺からの空気が気管を通って入り、鳥類はこれを膨らませて異性にデモンストレーションをしたり、共鳴させて繁殖期特有の声を出したりする。

なお、嗉嚢をもたない鳥類もいて、これらは食道全域で餌を貯蔵している。

③哺乳類の食道

哺乳類の食道は、単純な管状の器官である。ヒトの食道には3ヵ所の狭窄部がある。食物を飲み込んでつかえたときは、そのいずれかで詰まっていることが多い。

▸▸▶ 胃の進化

胃はもともと、食糧を貯蔵する備蓄器官としてできたものである。

①胃腺の分布から見た進化

胃の動物ごとの違いを比較するには、形だけでなく「胃腺」の分布も見ていく必要がある。

胃腺には「噴門腺」「胃底腺（固有胃腺）」「幽門腺」の3つがあり、それぞれ食物の消化を助けるはたらきをしている。噴門腺は食餌と胃粘膜との摩擦を少なくする粘液を出す。固有胃腺はペプシノゲン、胃酸、粘液を分泌する。ペプシノゲンは胃酸と混ざるとペプシンとなり、タンパク質をオリゴペプチドに分解する。胃酸は食餌に付着した病原微生物を殺し、大きな食餌を消化するまでの間、その腐敗を防ぐ。幽門腺は粘液とともに、消化管ホルモンである「ガストリン」を分泌する（消化管ホルモンについては第6章でくわしく述べる）。

これらの腺は「噴門上皮」「胃底上皮（固有胃腺上皮）」「幽門上皮」がある領域に存在しているが、動物によって上皮の分布領域はさまざまである。

図3-22を見ると、胃底上皮（3）と幽門上皮（4）はどの動物にもあることがわかるが、噴門上皮（2）はイルカ、ヒト、ウシなど一部の哺乳類にしか認められない。このことから、噴

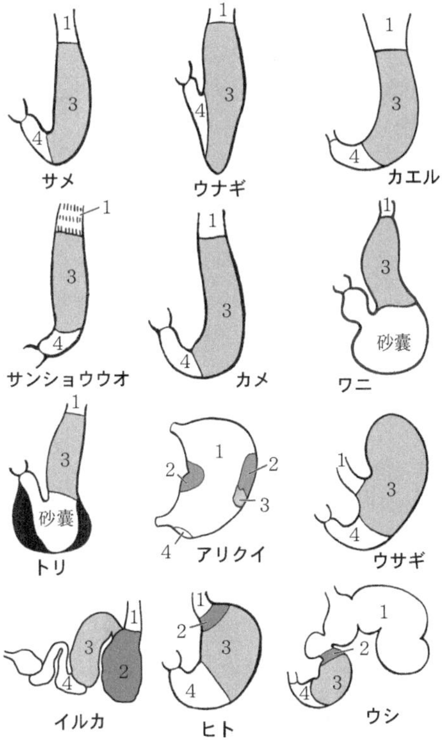

図3-22 **いろいろな動物の胃**（Pernkopfを改変）
1：食道上皮分布領域 2：噴門上皮分布領域
3：胃底上皮分布領域 4：幽門上皮分布領域

門上皮はまだ歴史が新しい領域であると考えられる。

動物によっては、胃腺が分布していない領域をもつものがある。そこは「無腺部」と呼ばれ、物理的に抵抗力の強い上皮で覆われている。アリクイは、アリなどの昆虫類を咀嚼せずに飲み込み、胃の中で無腺部ですりつぶす（物理的消化）とともに、ペプシンによって消化（化学的消化）している。同じく食餌を咀嚼せずに飲み込むイルカでは、この領域は「前胃」と呼ばれ、食餌が一時的に貯蔵されている。ウシなどの反芻《はんすう》動物は、この領域で食餌を発酵させている（くわしくは後述）。

②魚類の胃

円口類は胃に相当するものが認められず、食道がそのまま腸に移行している。

魚類のシラウオ類の胃は円筒状をしていて、もっとも原始的な胃と考えられている。多くの魚類の胃はＪ字の形をしている。しかし魚類のコイ類、ダツ類、ヨウジウオ類、サンマ類、サヨリ類、トビウオ類、ベラ類などは胃をもっていない。このような魚類を「無胃類」と総称する。

③両棲類と爬虫類の胃

両棲類の胃もJ字形をしていて、境界は不明瞭ながら胃体や幽門を区別できる。伸展性に富み、食物を一時的に貯蔵する場所としての機能が備わっている。

爬虫類の胃は、ヘビでは円筒形に近いが、カメやワニはＪ字形をしている。ワニは胃の後半部が砂嚢になっている。砂嚢には口から飲み込んだ小石を中心にした「胃石」が多数入っていて、食物の物理的消化を行っている。

砂嚢をもったワニの胃は、鳥類の胃へと引き継がれていくことになる。

④鳥類の胃

鳥類の胃は、前胃と砂嚢に分かれている（図3-23）。前胃は胃腺からの消化酵素によって化学的消化をしている。

砂嚢は、焼き鳥でいう「スナズリ（スナギモ）」にあたるところである。砂嚢の内面は、表面が角質化していて、内部には砂利や貝殻などが入っている。これによって前胃から送り込ま

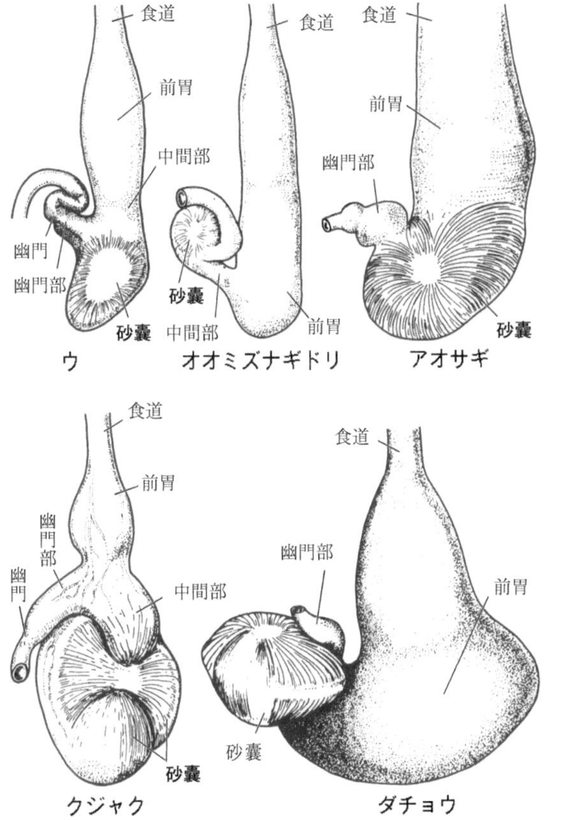

図3-23　**鳥類の胃**（PernkopfとLehnerを改変）
鳥類は歯をもたない代わりに砂嚢をもち、前胃から送られた内容物をすりつぶして物理的消化をしている

れた内容物をすりつぶし、物理的消化をしている。

⑤哺乳類の胃

肉食、雑食、草食にかかわらず、多くの哺乳類の胃の形態は似ていて、総じてＪ字形をしている。ただし、ウシなどの反芻動物の胃はきわめて特徴的なので、あらためて述べる。

腸の進化

腸はおもに小腸と大腸からなり、その形態は食性に大きく影響される。肉食動物では体長の２倍くらいと比較的短いが、草食動物では体長の25倍を超えることがある。

小腸は消化と吸収の中心をなすところであり、ヒトの場合は十二指腸、空腸、回腸からなる。

大腸は消化管の終末部で、盲腸、結腸、直腸からなる。おもなはたらきは、内容物に含まれる水分を吸収して固い糞便をつくることである。動物によっては、腸内細菌による発酵の場ともなっている。結腸の「結」という字は、内容物が水分を失って固結する場であることに由来する。

①円口類と魚類の腸

円口類の腸は直線状に伸びた管で、小腸と大腸の区分ははっ

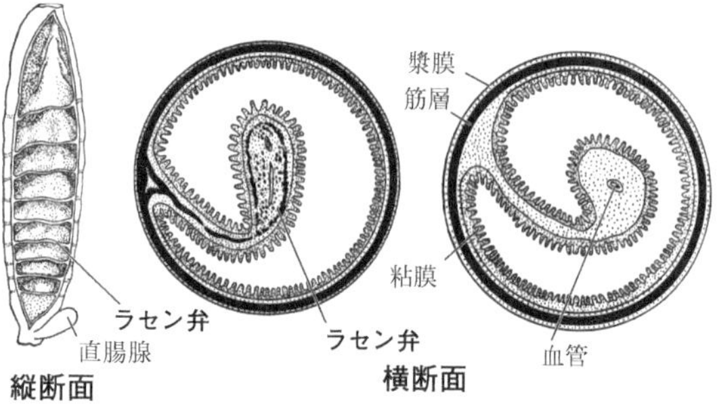

図3-24　**軟骨魚類のラセン腸**
（Ishiyama, Arambourg, Bertinを改変）
ラセン腸は腹腔の広い領域を占め、内部にはラセン弁があり、内腔が何十回もラセン状に捻じれている。このため内容物の流れが遅くなり、栄養分を吸収する面積は著しく増大する。ラセン弁はウサギの盲腸などにも見られる

きりしない。内側には多数のヒダが縦に走っている。

魚類の腸も、小腸や大腸の区分がはっきりしない管状の器官で、体長を１としたときの腸の長さの比率は、プランクトン食のもので0.5〜0.7、肉食のもので0.6〜2.4、雑食のもので1.4〜4.2だが、草食のものは3.7〜6.0に達する。

サメやエイなどの軟骨魚類、ギンザメ、肺魚などには、まっすぐで太い紡錘形をした「ラセン腸」という特徴的な腸が見られる（図3-24）。

②両棲類と爬虫類の腸

両棲類になると、腸は小腸と大腸で構成される。無尾類の小腸は細くて長いが、有尾類の小腸は短い。大腸は無尾類、有尾類ともに直線状に走っている。前部と後部に分けられ、大きな領域を占める前部は糞の貯蔵所になっている。ここは、原始的な盲腸であると考えられる。

爬虫類の腸も小腸と大腸からなる。一般的には、爬虫類では盲腸は退化する傾向がある。爬虫類のほとんどは肉食であり、小腸が長く大腸は短い傾向にある。だが、ごく一部に草食の爬虫類も見られ、これらの動物では小腸が短く、大腸は太く長くなっている。

③鳥類の腸

鳥類の腸も、やはり小腸と大腸とに分けられ、小腸はさらに十二指腸、空腸、回腸に分けられるが、境界ははっきりしない。大腸は盲腸と直腸で構成される（図3-25）。鳥類は飛翔のために体重を軽くする必要があり、便は貯めずに頻繁に排出する。したがって直腸は直線状で短い。

④哺乳類の腸

哺乳類の腸は、盲腸を境として小腸と大腸に分けられる。

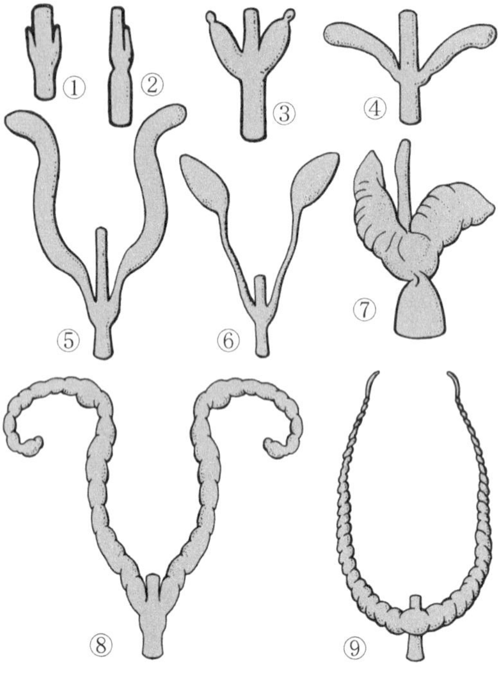

図3-25 **鳥類の盲腸**（Maumusを改変）
①タカ ②アオサギ ③コウノトリ ④クイナ ⑤ホロホロチョウ
⑥メンフクロウ ⑦サケビドリ ⑧ガン ⑨ダチョウ
草食や雑食の鳥類の盲腸は長く、穀物食と魚食の鳥類では短い傾向がある。肉食と昆虫食の盲腸は非常に変化に富んでいる

小腸はどの動物も非常に長いが、とくに草食動物では長い。ヒトの場合、小腸の全長は約6.5mである。小腸の始まりにあたる十二指腸の名の由来は、指を横に12本並べたほどの長さという意味だが、実際はもっと長く、ヒトで25〜30cmある。

大腸は小腸よりはるかに変異に富み、とくにウサギやウマなどでは発酵が行われるので、著しく太くなっている。

肝臓の進化

肝臓は生命維持に不可欠な多くの機能をもっているが、消化器系の一員として見ると、脂肪の吸収を助ける胆汁を分泌する消化腺であるとともに、栄養分の炭水化物を「グリコーゲン」として多量に蓄える備蓄器官でもある。さらに、タンパク質の合成、尿素や尿酸の産生、血液凝固因子の産生など、多岐にわたるはたらきをしているため、消化器系では最大の器官となっている。

肝臓のはじまりは、十二指腸壁にできた消化腺である。原始的な時代には十二指腸壁にあったが、機能が増大するにつれて収まりきれなくなり、外に突出していった。このため、どの動物でも肝臓は必ず十二指腸とつながっている。

①円口類の肝臓

円口類のうち、ヤツメウナギの肝臓は扁平で、腸管壁に接している（図3-3参照）。これは肝臓が腸管壁から外に向かう原始的な状態が表れていると考えられ、肝臓の発達過程を知るうえで興味深い。

②魚類の肝臓

軟骨魚類は非常に大きな肝臓をもっている（図3-4参照）。全体重に占める肝臓の重量の割合（比肝重値）は、ヒレザメやマンザイザメなどは20〜25%に達し、アブラザメ、シュモクザメ、ネズミザメなどでも10%近くある。軟骨魚類は鰾が欠如しているため、体の比重を小さくする目的で肝臓に大量の脂肪を蓄積していることが、比肝重値が大きい一因である。これに対して、多くの硬骨魚類の比肝重値は１〜２%である。

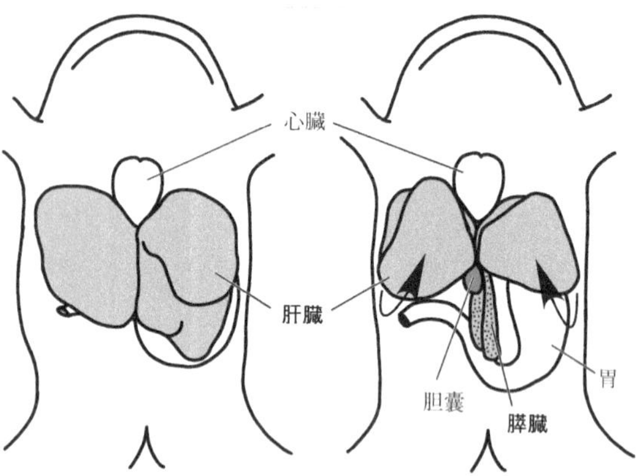

図3-26　**両棲類（無尾類）の肝臓と膵臓**（Siweを改変）

③両棲類から哺乳類までの肝臓

両棲類では無尾類の肝臓は非常に大きく、多くは右葉、左葉、中葉の３葉に分かれて、消化器系の腹側全体を覆うように広がっている（図3-26）。

爬虫類ではヘビの肝臓は非常に長い。鳥類では、やはり肝臓は大きな器官で、体の中央部の大きな領域を占めている（図3-7参照）。

哺乳類も肝臓は非常に大きく、多くの動物では正中線より右側のほうが大きく発達している傾向がある。

▸➤➤ 膵臓の進化

膵臓は肝臓と同様に十二指腸壁の一部が突出してできたもので、必ず十二指腸につながっている。

進化した膵臓では、元来は別個だった外分泌部と内分泌部が合体しているところに特徴がある。外分泌部が分泌した「膵液」は、十二指腸に送られる。内分泌部は「ランゲルハンス島」と呼ばれ、「血糖」を調節する「インスリン」や「グルカゴン」などのホルモンを分泌している。

膵臓の形態は、肝臓よりはるかに変異が多い。その分布も動物によってかなり特徴的で、ウサギやラットのように腸間膜の中に散在していたり（図3-27）、一部の魚類のように肝臓の中に分布していることもある。

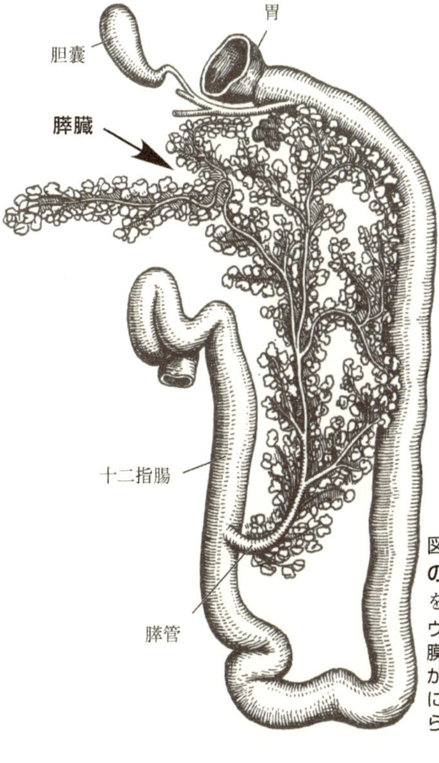

図3-27　ウサギの膵臓（Krauseを改変）
ウサギの膵臓は腸間膜の中に散在的に広がっている。マウスにも同様の膵臓が見られる

①円口類の膵臓

ホソヌタウナギでは、膵臓はまだ独立した器官にはなっていない。だが膵液を分泌する外分泌部は、肝臓内の血管の周囲、腸間膜、腸壁内などに分布している。内分泌部であるランゲルハンス島は、胆管の周囲にある。

②魚類の膵臓

軟骨魚類の膵臓は独立した器官となって、胃や腸の近くに位置している（図3-4参照）。これに対し、一部の硬骨魚類では1つの器官としてのまとまりはなく、腸の周囲、腸間膜の内部など広範囲に散在している。コイ類、タイ類、ブダイ類、ヒラメ類の膵臓は、肝臓の中に入り込んで「肝膵臓」を形成している。

③両棲類から哺乳類までの膵臓

両棲類の膵臓は、胃や十二指腸近くにあって細長い（図3-5参照）。爬虫類の膵臓は十二指腸の近くにあり（図3-6参照）、カメやトカゲでは長く、ヘビでは丸い。鳥類の膵臓は十二指腸の近くにあって、細長い（図3-7参照）。哺乳類でも膵臓の分布は変異に富み（図3-8参照）、ウサギやマウスでは前述のように、腸間膜の中に散在的に広がっている（図3-27参照）。

3 「草食」という大変革

動物はもともと、肉食であったと考えられている。だが肉食は餌の調達に多大な労力を要するうえに、動物の数が増えると肉食だけでは食物連鎖を維持するのは難しくなった。周りにたくさん生えていて、逃げも隠れもしない植物を食べようとしたのは、自然の勢いであったに違いない。

植物を食物連鎖に組み込むことにより、動物社会の秩序は保たれた。しかし動物にとって、肉食のために発達させた消化器系で植物を消化・吸収することは、容易ではなかったのだ。

草食のはじまり

草食する動物はいつごろ出現したのだろうか。それを知る手がかりは、化石である。消化管が化石として残ることはきわめて稀なので、化石として残りやすい歯の形態から、その動物の食性を推測することになる。

現在知られている最古の草食四足動物は、古生代後半の石炭紀（3億6000万～2億8600万年前）に棲息していた*Limnoscelis*や*Diadectes*などである。古生代最終期のペルム紀（2億8600万～2億4800万年前）になると、草食と思われる動物の化石は数多く出土している。これらの化石は世界の各地から見つかっているので、草食はいろいろなところで、別個に始まったものと考えられている。

微生物と手を結ぶ

植物は光合成によって産生したブドウ糖をもとにしてデンプンをつくり、根や種に蓄えている。このデンプンを栄養源とする試みは、動物にとってさほど難しいことではなかった。植物を歯や砂嚢などで機械的に噛み砕いたり、すりつぶしたりして細胞膜を壊すだけで、簡単に摂取し、栄養にすることができた。しかし、植物に含まれるデンプンはそう多くはない。それだけで栄養を賄おうとすれば、膨大な量の植物を摂取しなければならない。そこで動物は、植物がつくりだすもう一つの物質も、栄養として利用しようとした。

植物はブドウ糖から、デンプンとともに「セルロース」をつくっている。これは植物体を構成する重要な物質で、植物中の炭水化物の多くは、セルロースの形をしている。動物はこれを摂取することで、不足する栄養を補おうとしたのだ。

セルロースを分解するには「セルラーゼ」という専用の酵素が必要となる。しかし動物は、体内でセルラーゼをつくりだすことができないので、最初はセルロースを消化できなかった。そこで動物たちは、ある“奇策”を講じた。

細菌類や原虫類などの微生物の中には、セルロースを分解し、栄養にしているものがいる。動物はそれらと手を結ぶことにした。微生物を体内に入れ、棲息の場と、餌を与える見返りに、セルロースの分解産物をもらうことにしたのである。これは、微生物との「共生」にほかならない。

共生する微生物はさらに、動物の体内に侵入した不必要な微生物を撃退するという役割も担った。こうして草食がはじまり、動物の新しいライフスタイルが成立したのである。

微生物をどう取り込んだのか

動物は微生物を、どのようにして体内に取り込んだのだろうか。可能性として、微生物による分解が始まっていた植物を摂取し、微生物も一緒に体内に取り込んだ、あるいは草食の無脊椎動物（草食の昆虫など）を摂取し、その体内にいた微生物を取り込んだ、などが考えられているが、定かではない。

微生物との共生には、もう一つ問題がある。それは、体内の微生物をどのようにして子孫に伝えるかということである。動物は母親の胎内にいる時期には微生物はもっていない。微生物が体内に入るのは生後である。哺乳類では親が一定期間、子供の世話をするので、おそらくその間に子供が微生物に"感染"するのだろう。唾液や糞便などを介して感染している可能性が高いと思われる。

さまざまな「発酵の場」

微生物が植物成分のような有機物を分解し、栄養分などの有用な物質を作ることを「発酵」という(同様の作用でも、有害な物質ができる場合は「腐敗」という)。

草食動物が栄養分を得るには、微生物による発酵が必要である。発酵には、長い時間がかかる。したがって草食動物は、消化管の中で微生物が長時間はたらける広い場所を用意しなければならなかった。それぞれの動物は、体内のどこに発酵の場をつくったのだろうか。

海にはプランクトンや海草類くらいしか植物がないので草食動物は少ないが、魚類にもわずかに草食するものがいる。これらは腸内を発酵の場としている。

淡水になると植物の種類はずっと多くなり、陸上ではさらに増える。両棲類では、幼生の一部が草食で、オタマジャクシでは発酵の場は後腸である。成体はすべて肉食となる。

爬虫類は大部分が肉食で、草食は少数派だが、代表的な草食動物にはイグアナがいる。発酵の場は盲腸や結腸である。

鳥類には、草食動物は少ない。発酵のため体内に長時間食物があると、そのぶん体が重くなり、飛翔の邪魔になるからだ。だが飛翔しない鳥類には草食のものもいて、発酵の場はおもに盲腸であるため、ガンやダチョウなどの草食を主とする鳥類の盲腸は非常に大きくなっている(図3-25参照)。

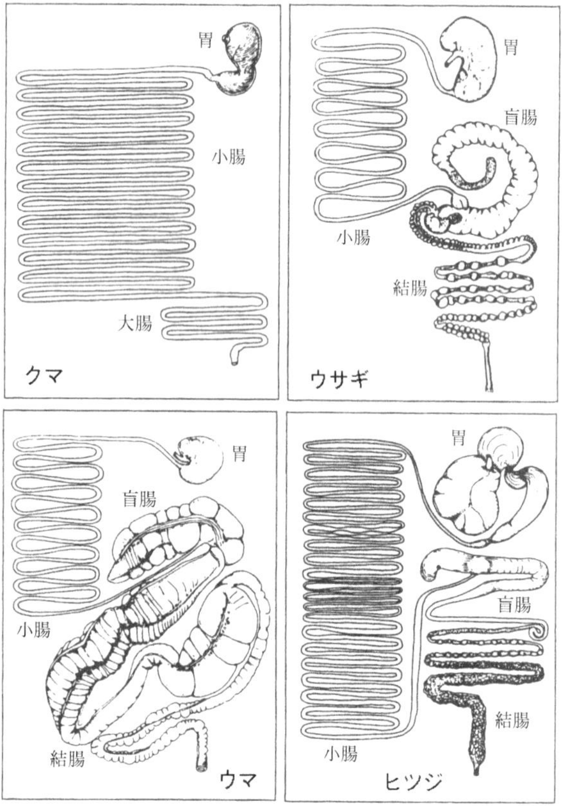

図3-28　草食動物の消化管（Stevensを改変）
発酵の場となった部位が顕著に発達した。クマは小腸、ウマは結腸の近位部、ウサギは盲腸、ヒツジは胃を発酵の場としている

哺乳類の「発酵の場」

発酵は酵素による化学反応であり、化学反応の速度は温度に左右されるので、発酵の場では温度管理が重要となる。この点

で、恒温動物である哺乳類は草食に適した体内環境をもっているといえる。このため哺乳類には、草食するものが多く出現した。

発酵の場は動物によってさまざまである（図3-28)。クマは小腸を長くすることで、ウマは結腸の近位部を大きくすることで、十分な発酵の場を確保した。

しかし、発酵の場として最適なのは、胃である。胃は消化器系のスタート地点近くにあるため、消化の初期段階に胃で発酵してしまえば、産生された栄養分を小腸で十分に吸収できるからだ。実際、胃を発酵の場とするウシと、結腸を発酵の場とするウマの便を比較してみると、ウシでは植物が完全に消化されているのに、ウマでは未消化の植物がたくさん含まれている。

胃を発酵の場とした動物としてはウシやヒツジなどの偶蹄類がよく知られているが、ほかにカンガルーなどの有袋類、ナマケモノなどの異節類、一部の霊長類がいる。おそらく各動物で別個に進化した結果、同じ処理法に到達したのであろう。

発酵の場となった胃は大きく拡張し、いくつかの部屋に分かれた。動物によっては、体重の15%にも達する食餌を胃に収められるものもいる。このような胃をもつことで、大量の食餌を取り込み、ゆっくり発酵することができるようになった。

「食糞」する動物

ウサギ類や齧歯《げっし》類の発酵の場は、盲腸である。盲腸は大腸の起始部にあるが、大腸はおもに水分を吸収する部位なので発酵の産物である栄養分はほとんど吸収されずに排出される。盲腸は発酵の場としては下流にありすぎるのだ。それを補うため、これらの動物は一見、奇妙な行動をとる。

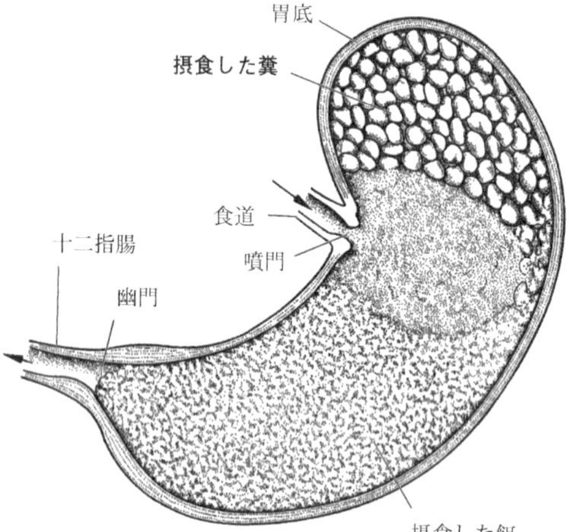

図3-29 **食糞したウサギの胃** (Grasséを改変)

通常の便とは別個に、発酵によって産生された栄養分を含む便を排出し、これを摂取する「食糞」をするのである。ウサギなどは肛門に口を直接つけて、糞を食べる。この便を摂取している間は、通常の餌は摂取しない。

食糞した動物の胃の中を見ると(図3-29)、通常の餌は胃体から幽門にかけての範囲に入っている。ここで消化酵素を含む胃液が分泌され、通常の餌を消化する。これに対して、摂取された糞は、通常の餌とは別に、薄い膜のような構造物で覆われて胃底に蓄えられ、長い時間をかけてここで処理される。

齧歯類は、食糞を妨げると急速に衰弱する。不足していると見られるビタミンKやビオチンなどを餌に添加しても、長期的には体重が20%も減少する。ウサギも食糞をさせないと植物を消化する能力が著しく損なわれる。しかし食糞させると、この能力はすぐに回復する。

4 反芻に見る消化器系の「精神」

一度、嚥下した食物を再び口に戻して細かくかみ砕き、再び嚥下することを「反芻」という。反芻をする動物を「反芻動物」と総称し、ウシやヒツジなど、いずれも偶蹄類に属している。反芻には、ほかの器官系には見られない消化器系ならではの特徴がよく表れていて、非常に興味深い。

▸▸▸ 反芻動物の４つの胃

ウシやヒツジには、第１胃から第４胃まで、４つの胃がある(図3-30)。

第１～第３胃を合わせて「前胃」といい、とくに第１胃と第２胃を「反芻胃」という。第４胃を「後胃」、または「腺胃」といい、ここにだけ胃腺が存在する。

出生直後は第４胃が胃全体の容積の約50％を占めているが、その後、第１～第３胃が大きく発育して、２～３ヵ月で成体の状態まで成長する。

反芻動物も胎児として母体内にいるときは、胃の中に微生物は存在しない。微生物は産道を通る際に入るともいわれるが、多くは生後、母体に接する間に入ると考えられている。生まれた直後はまだ草を食べられないため、母乳に含まれるブドウ糖をおもな栄養素として発育するが、母ウシと一緒に生活している間に、母ウシの第１胃に含まれる多くの微生物が子ウシに入る。生後２～３ヵ月までに微生物との共生が十分にできるようになり、次第に母乳を離れ、草食を始めるようになる。

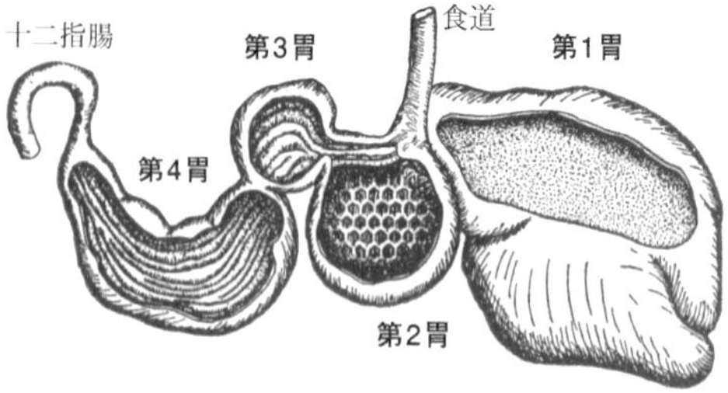

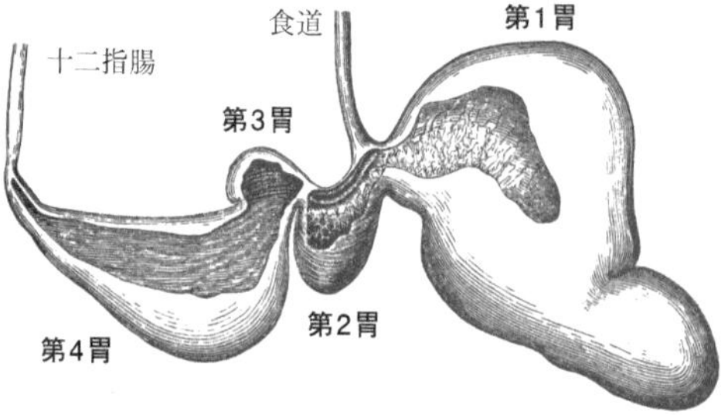

図3-30　反芻動物の胃
上：ウシ（Wolcottを改変）
下：ヒツジ（Owenを改変）
それぞれの胃が胃の全容積に占める割合は、第１胃が80％、第２胃が５％、第３胃と第４胃が合わせて７～８％ほど。ウシの胃の容積は第１胃と第２胃を合わせて100ℓ、第３胃と第４胃を合わせて５～８ℓである（ヒトの胃の容積は約２ℓ）

▸▶▶ 反芻の流れ

反芻は１日に10回ほど行われ、これに約10時間が費やされる。その流れは次のとおりである（図3-31）。

嚥下した食物はまず、第１胃に入る。ここは反芻の中心的な役割を担う胃で、細菌類や原虫類など、膨大な微生物が棲息している。重量は原虫類だけで2kgにも及ぶ。ここで食物は唾液と混ざり、微生物により発酵され、「揮発性脂肪酸」（後述）が産生される。その一部は第１胃と第２胃で吸収される。

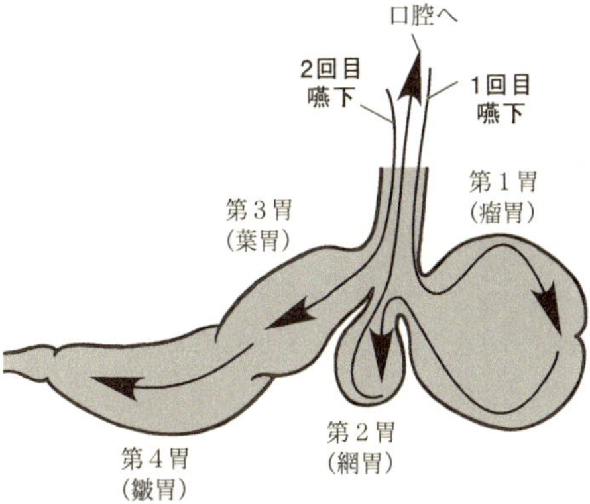

図3-31　反芻動物の胃への食餌の出入り（Kingsleyを改変）

第２胃に入った食物は、口腔に戻される。そして再び咀嚼され、唾液と混ぜられて再び嚥下される。

再嚥下された食塊は、第３胃に入り、ここでさらに発酵したあと、第４胃に移る。第４胃には胃腺があり、そこから分泌される消化酵素によって、第１胃で分解されなかった炭水化物、タンパク質、脂質などが消化される。これが反芻の一連の流れであり、第４胃で消化された内容物は小腸に入る。

反芻動物は非常に多くの唾液を分泌する。ヒツジやヤギでは１日に10～20ℓ、ウシでは100～200ℓにも達する。唾液の量は、それぞれの動物の体重の３分の１にもなる。全体重の３分の２は水分なので、その半分は唾液ということになる。

第１胃のはたらき

第１胃には、細菌、原生動物（線毛虫、プロトゾアなど）、真菌（ツボカビ類）が共生している。これらの微生物は、そのはたらきによりセルロース分解菌、デンプン分解菌、水溶性糖質分解菌、脂質分解菌、メタン生成菌などに分けられる。

第1胃には2つの役割がある。

一つは、微生物による発酵でセルロースやデンプンなどの炭水化物から揮発性脂肪酸を産生することである。揮発性脂肪酸は酢酸、プロピオン酸、酪酸などより構成され、反芻動物の全栄養摂取量の70%を占める主要な栄養源である。また、一部の揮発性脂肪酸は微生物によりタンパク質に合成される。

セルロースが分解されるときは、同時にメタンガスや炭酸ガスも産生される。これらのガスは、噯気《あいき》（げっぷ）により空中に放出される。ウシは1日に約200ℓものメタンを放出する。

第1胃のもう一つのはたらきは、共生する微生物の栄養分となるタンパク質を合成することである。タンパク質源となるのは食餌中のタンパク質や尿素などで、これらからグルタミン酸やアラニンなどのアミノ酸をつくり、その一部からタンパク質を合成して、微生物に栄養分として与えている。

しかし、タンパク質をつくるのは微生物のためばかりではない。実は共生する微生物そのものが、反芻動物の重要なタンパク源となっているので、反芻動物自身も利益を得ることになるのである。第1胃に棲息する2kgもの原虫は、150gの原虫タンパク質を含んでいる。原虫の約70%は第4胃に送られ、胃液で処理されたあと消化され、タンパク質として利用される。ウシが摂取する原虫タンパクは1日に100gにもなる。

反芻動物は一度口に入れたものは残らず吸収できる独特の消化管をもった。4つの胃でとことん消化・吸収し尽くしたうえに、共生微生物までタンパク源にしてしまう反芻は、消化器系を貫く“もったいない精神”の典型的な例といえるだろう。

腸内細菌との攻防

“もったいない精神”は反芻のほかにも、消化器系のあちこちに反映されている。その一例が「膜消化」である（図3-32）。

動物の体内では、2段階の消化が行われている。

第1段階は、口腔から胃、十二指腸までで行われる「管腔内消化」である。食餌は消化酵素の作用を受けて、糖類は麦芽糖や乳糖などの二糖類まで、タンパク質はオリゴペプチドまで、そして脂肪は脂肪酸とグリセリンまで分解される。

第2段階の消化が、小腸の「吸収上皮細胞」の細胞膜で行われる膜消化である。この消化で大切なポイントは、消化と吸収が小腸の中ではなく、小腸を覆う膜で行われることである。これには、次のような意味がある。

小腸には、多くの腸内細菌が棲息している。これらの細菌にとっても、ブドウ糖などの単糖類やアミノ酸は非常に吸収しやすい栄養分である。したがって、仮に小腸の管腔の中で消化を行い、そこに単糖類やアミノ酸ができてしまうと、その一部を腸内細菌に横取りされてしまう可能性がある。これを防ぐために、小腸の内表面を覆う膜で消化し、そのまま吸収するしくみとして発達したのが、膜消化なのである。

表3-1　吸収上皮細胞による膜消化

消化酵素	基質	分解産物
オリゴペプチダーゼ アミノペプチダーゼ	オリゴペプチド	アミノ酸
マルターゼ	麦芽糖	ブドウ糖
ラクターゼ	乳糖	ブドウ糖 ガラクトース
スクラーゼ	蔗糖	ブドウ糖 果糖

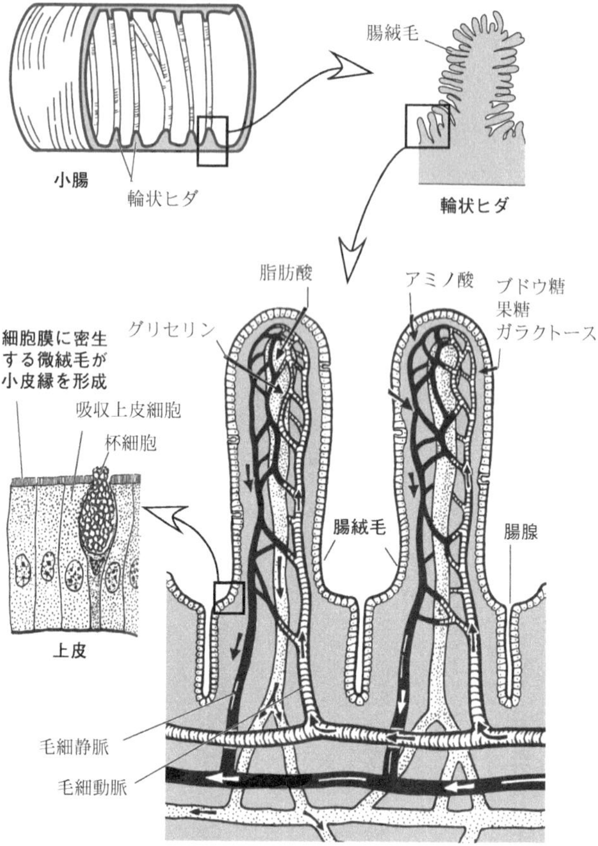

図3-32　小腸の構造と膜消化（Roperを改変）
小腸の内表面には多数の輪状ヒダがあり、それぞれのヒダには腸絨毛（ちょうじゅうもう）が400万～500万本も密生している。腸絨毛の表面を覆う吸収上皮細胞の細胞膜には、微絨毛（びじゅうもう）が密生して「小皮縁」を形成している。小皮縁には「小皮縁膜酵素」と総称されるさまざまな消化酵素が含まれている（→表3-1）。これらの酵素の作用で、第１段階の消化で産生された二糖類はブドウ糖、果糖、ガラクトースなどの単糖類に、オリゴペプチドはアミノ酸に消化されて速やかに吸収される

せっかく吸収しやすい形にまでした貴重な栄養分を、一部でも腸内細菌に横取りされては“もったいない”というわけだ。

▸▶▶ 栄養の備蓄装置

消化器系の“もったいない精神”が発露した例としては、ほかの器官系にはない備蓄装置をもっていることもあげられる。水中で生まれ、水の中で進化してきた動物は、水や酸素に不自由することはなかった。このため動物は進化の過程で、水や酸素の貯蔵庫を体内につくることはしなかった。だが、餌についてはそうではなかった。どんな動物も餌を得ることは簡単ではなかったため、当面使わない栄養分は備蓄装置に蓄えて、次の餌が得られるまでそれで食いつなごうとしたのである。

備蓄装置は体の各所にあり、栄養素の種類によって蓄えられる場所が異なっている。

まずブドウ糖は、さしあたり使わない分は肝臓や骨格筋にグリコーゲンとして蓄えられる。それらが一杯になると、ブドウ糖は脂肪に変えられて、皮下や内臓の脂肪組織に貯蔵される。

脂肪酸やグリセリンは、乳糜槽《にゅうびそう》から胸管を経て血中に入り、全身に送られて皮下や内臓の脂肪組織に蓄えられる。

アミノ酸は肝臓を経由していろいろな器官に送られて蓄えられ、タンパク質合成に使われる。身体を構成するタンパク質は新しいものとたえず入れ替わるため、成人では体重1kg当たり１日に約1gのタンパク質が必要になる。

▸▶▶ 血糖とインスリン

このように消化器系には備蓄装置があり、いったん吸収した栄養分は、ブドウ糖にしてもアミノ酸にしても、エネルギー源として利用してからでないと外には出せないしくみになっている。糖尿とかタンパク尿などは病的な状態なのであって、正常であれば栄養分がそのままの形で外に出てくるような“もったいない”ことは決して起こりえないのである。

たとえばブドウ糖は脳、心臓、腎臓など主要な器官のおもな栄養分であり、消化管から血液に入って各器官に送られる。血液中に含まれるブドウ糖が血糖である。血糖値が低くなると、脳、心臓、腎臓などははたらけなくなる。とくに脳は低血糖に敏感で、引きつけを起こしたり、意識を喪失したりする「低血糖ショック」というきわめて危険な状態になる。

さて、食後は摂取した食物に含まれるブドウ糖が、血液中に大量に入ってくる。すると、インスリンがはたらいて、当面必要なもの以外はグリコーゲンに変えて前述の備蓄装置に入れておく。

次に餌がとれるまでの間は、必要なブドウ糖は備蓄装置のグリコーゲンから少しずつ補充される。そのためには「アドレナリン」「グルカゴン」「甲状腺ホルモン」「成長ホルモン」という4種類ものホルモンがはたらく。グリコーゲンがなくなってしまうと、脂肪やアミノ酸がブドウ糖に変わる。このはたらきを受けもつホルモンとしては、副腎皮質の「糖質コルチコイド」が準備されている。

つまり、食後にブドウ糖を備蓄装置に収納するためのホルモンはインスリンだけだが、備蓄装置からブドウ糖を取り出すためには実に多様なホルモンがはたらいている。このことは、ブドウ糖を備蓄するより、取り出すほうがはるかに大変な仕事であることを意味している。

野生動物が食餌を摂取できるのは多くの場合、1日に1回、あるいは数日に１回と非常に少ない。だから備蓄を受けもつインスリンの出番も、少なくてすんでいた。もともとインスリンの量は、少ない食餌量に対応して設定されていたのである。

ところがいま、ヒトには飽食の時代が到来した。食餌をたえず過剰に摂取すると、インスリンが不足したり、うまく作用しなくなったりする。するとブドウ糖は備蓄装置にしまわれきらず、血液中に溜まって行き場を失い、尿中に出てくることになる。これが糖尿病である。せっかく摂取したブドウ糖をそのまま捨ててしまう、何とも“もったいない”ことをする病気なのだ。

4

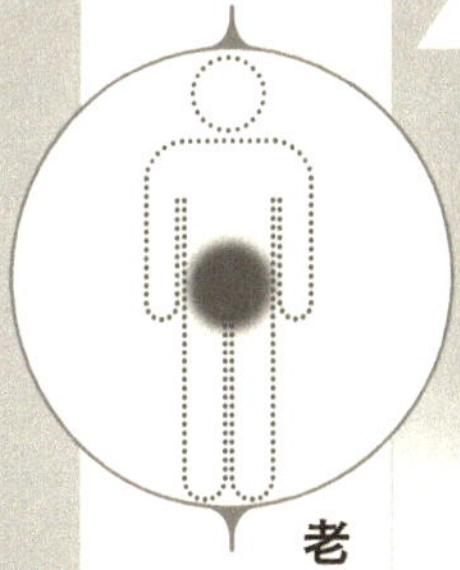

第4章 泌尿器系の進化

老廃物を排出する際に、貴重な水をいかに節約するか。
上陸した動物たちにとって、
これは死活問題となった。

泌尿器系とは「尿」の「分泌」に関わる器官系のことである。具体的には、生命活動の結果として生ずる老廃物を、尿として体外に排出する器官系を指す。その中心的な役割を果たしているのは、尿をつくる「腎臓」である。

尿は「毒を含んだ水」ともいえる。毒はすみやかに捨てなければならないが、そのためには多少なりとも水を使わないわけにはいかない。だがどんな動物でも、体内の水を無為に失うわけにはいかない。とくに水から離れて暮らす動物には、体内の水分を維持しながら、同時に毒も排出しなければならないというジレンマが生じる。そうした問題を一手に解決しているのが、腎臓という器官なのだ。

腎臓の面白さ、すばらしさは、その「選択力」にある。自分にとって何が必要で、何が有害か。毒を捨てるときはどんな形で捨てるのが有効か。どんな尿を、どのくらいの量だけ捨てればよいのか。腎臓はつねに体内の状況に即した間違いのない選択をし、淡々と仕事を実行している。このみごとな泌尿器系ができあがるまでの、進化の道筋をたどっていこう。

1 腎臓のはじまり

動物の進化において、老廃物を排出するための器官が形成されたのは、消化器系や生殖器系とともに、非常に早い段階のことであった。まずは原始的な腎臓から見ていこう。

ミミズの泌尿器系

環形動物の一員であるミミズにも、非常に立派な泌尿器系が発達している。しかもそれは、私たち脊椎動物の遠い祖先がもっていた泌尿器系の原型に近いと考えられている。

ミミズの体は「体節」というたくさんの節がつながってできている。その断面を見ると（図4-1）、中央部に消化管が走っていて、その周囲には広い体腔がある。体腔は老廃物を蓄積する場所となったり、生殖細胞（図4-1では卵細胞）を貯蔵する場所となったりしている。

老廃物を体腔から外に出すために、それぞれの体節には左右に１つずつ「腎口」という口が開いている。腎口からは「腎管」が出ていて、１つ後ろの体節に入り、体表にある「腎管口」から外に開いている。

この腎口、腎管および腎管口が、ミミズの泌尿器系の基本構造である。なお、ミミズは生殖細胞も老廃物と同じ管を使って体外に出している。

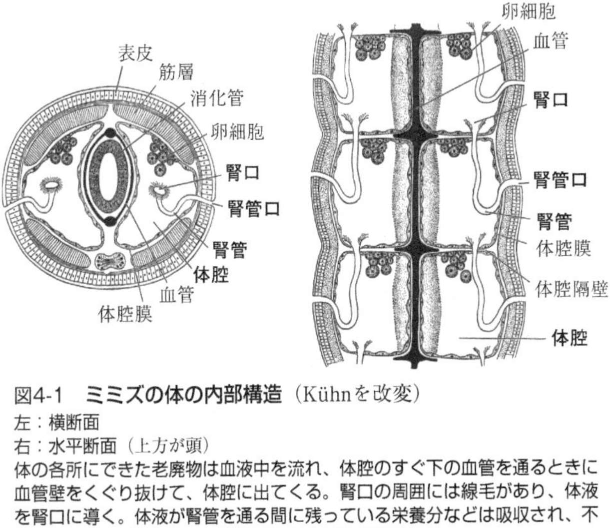

図4-1　ミミズの体の内部構造（Kühnを改変）
左：横断面
右：水平断面（上方が頭）
体の各所にできた老廃物は血液中を流れ、体腔のすぐ下の血管を通るときに血管壁をくぐり抜けて、体腔に出てくる。腎口の周囲には線毛があり、体液を腎口に導く。体液が腎管を通る間に残っている栄養分などは吸収され、不要なものだけが尿となって腎管口から体外に排出される

発生に見る生殖器との関わり

腎臓の発生の過程を見ると、私たちヒトを含めた脊椎動物の腎臓は、ミミズの泌尿器系と非常によく似たものからスタートしたことがわかる。

ヒトの胎児の横断面で腎臓の発生を見てみよう（図4-2)。

発生4週になると、大動脈の両側に、将来、泌尿器系や生殖器系を形成する細胞が集まってくる。これらは次第に体腔内に突出して「尿生殖堤《にようせいしよくてい》」と呼ばれる盛り上がりを形成する。尿生殖堤にはやがて浅い溝ができ、外方の「腎堤《じんてい》」と、内方の「生殖堤」に分かれる。腎堤からは腎臓が、生殖堤からは生殖器がつくられる。

つまり腎臓と生殖器は、もともと同じところにあった細胞か

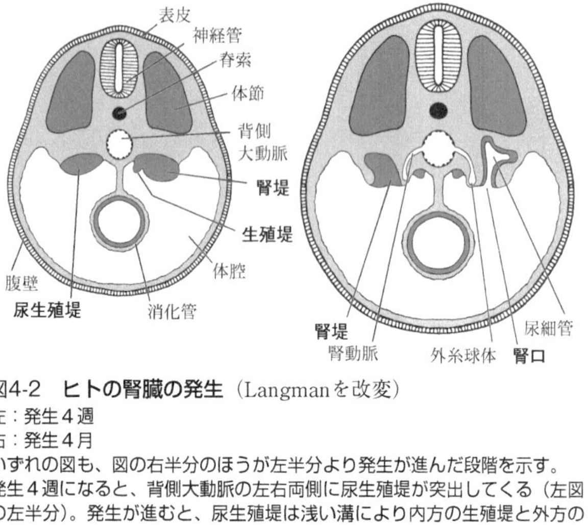

図4-2 **ヒトの腎臓の発生**（Langmanを改変）
左：発生4週
右：発生4月
いずれの図も、図の右半分のほうが左半分より発生が進んだ段階を示す。発生4週になると、背側大動脈の左右両側に尿生殖堤が突出してくる（左図の左半分)。発生が進むと、尿生殖堤は浅い溝により内方の生殖堤と外方の腎堤に分けられる（左図の右半分)。発生4ヵ月になると、腎堤は背方に向かって大きくなり（右図の左半分)、腎動脈の先端に外糸球体ができる。腎堤の中央部は陥凹し、腎口に始まる尿細管が形成される（右図の右半分)

らできる。そのため、この両者は形のうえでも機能の面でも密接な関係があり、「泌尿生殖器」と総称されることもある。

さらに発生が進んで発生4ヵ月になると、腎堤は陥凹して、内部が腔所になる。腔所と体腔の連絡口を「腎口」と呼ぶのはミミズの場合と同様である。

輸送管の奪い合い

脊椎動物も原始的な段階ではミミズのように、尿と生殖細胞（精子や卵）を同じ管で体外に出していた。しかし、生殖細胞が老廃物である尿に触れると、傷つけられる可能性があるため、進化の過程で尿と生殖細胞は別個に輸送されるようになった。そのためにつくられたのが「ウォルフ管」と「ミュラー管」という２本の管である（ウォルフ管には「前腎管」「中腎管」などさまざまな名称があるが、本書では「ウォルフ管」で統一する）。

だが、輸送したいものは尿、精子、卵の３種類であるのに、管は２本しかつくられなかったため、管の奪い合いが起きた。

まず、卵は尿に傷つけられやすかったので、ミュラー管は卵専用になった。残るウォルフ管を、尿と精子が使うことになった。多くの動物では尿と精子を接触させないための改造がなされ、動物ごとに独自の様式を発展させた。腎臓の進化とは、その工夫の歴史といってもいい。

2 腎臓の進化

では、腎臓の進化の様子を、輸送管の動向に注目しながらたどっていこう。

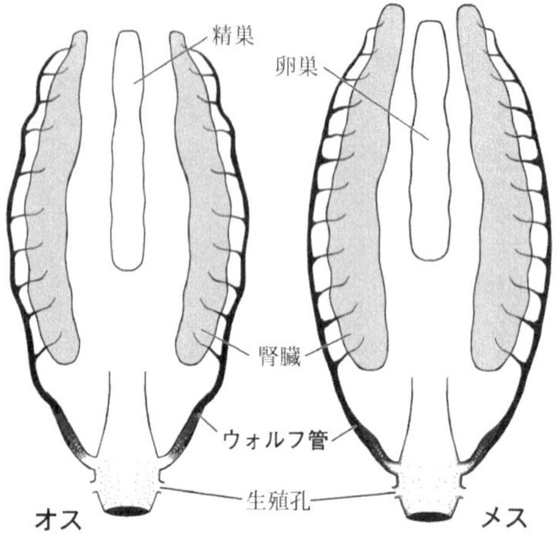

図4-3
円口類の腎臓
オス、メスともにウォルフ管は尿専用の輸送管になっている

腎臓の体内での配置は、動物種によって大きく異なる。円口類では胸部から腹部にわたって長く伸びているが、魚類、両棲類、爬虫類と進化するにつれて次第に尾方に移り、分布領域も腹部の尾側部から腰部に限られてくる。鳥類や哺乳類では腰部に落ち着き、大きさもコンパクトになる傾向がある。

▸▶▶ 円口類の腎臓

円口類では生殖管が二次的に退化してしまったので、精子も卵も腹腔に放出され、生殖孔から外に出される。したがってオス、メスともに、ウォルフ管は尿輸送専用の管になっている(図4-3)。腎臓は非常に長い。

▸▶▶ 魚類の腎臓

魚類の腎臓では、円口類と違って尿と生殖細胞の通路の棲み分けが見られるようになる。

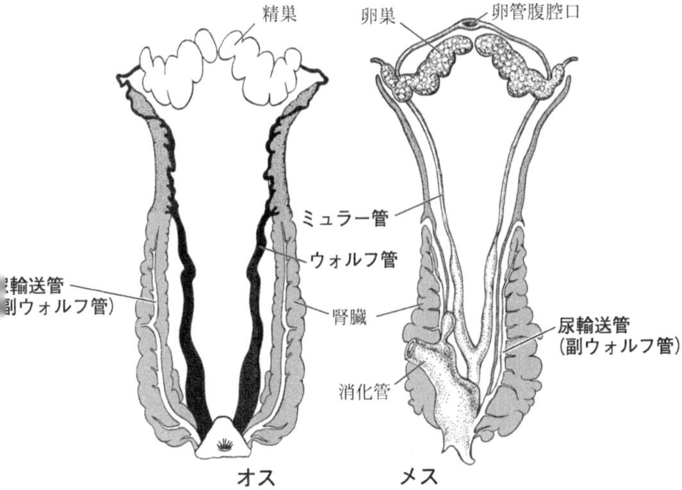

図4-4　軟骨魚類（シビレエイ）の腎臓（Borceaを改変）
尿→副ウォルフ管（オス、メスとも）　精子→ウォルフ管　卵→ミュラー管
オスのミュラー管とメスのウォルフ管は退化する

①軟骨魚類の腎臓

腎臓は細長い形をしている（図4-4)。頭側部は細くなり、腎臓としての機能を失っている。これに対して尾側部は太く、腎機能の中心になっている。ここには尿輸送管（副ウォルフ管）が形成されている。オスのウォルフ管は、おもに精子を輸送する管になっている。メスでは卵はミュラー管で運ばれ、ウォルフ管は退化している。

②硬骨魚類の腎臓

硬骨魚類は非常に種類が多く、腎臓もさまざまだが、ウォルフ管などの役割から2つのタイプに分けられる（図4-5)。

一つはアミアや肺魚類などに見られるもので、ウォルフ管はオスでは尿と精子をともに運ぶ。メスでは尿のみを運び、卵はミュラー管で輸送される。この様式が、脊椎動物における泌尿器系の原型にもっとも近いと考えられている。

しかし硬骨魚類に多いのはもう一つのタイプで、ウォルフ管はもっぱら尿を運び、精子は精子輸送管、卵は卵巣管で運ばれ

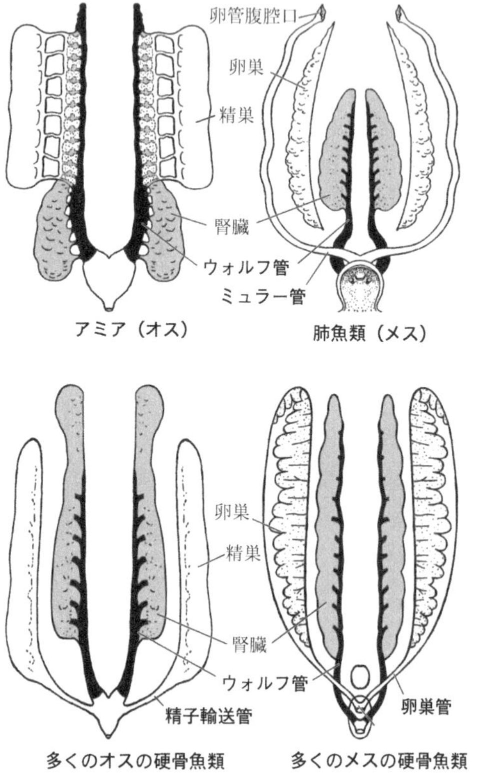

図4-5　硬骨魚類の泌尿生殖器系（Lankesterを改変）
▼アミアや肺魚類
尿→ウォルフ管（オス、メスとも）　精子→ウォルフ管　卵→ミュラー管
▼多くの硬骨魚類
尿→ウォルフ管（オス、メスとも）　精子→精子輸送管　卵→卵巣管
メスのミュラー管は退化する

る。メスのミュラー管は退化する。

➤➤➤ 両棲類の腎臓

①無尾類の腎臓

無尾類のカエルの腎臓は長円形で（図4-6）、頭側端には褐色脂肪を豊富に含んだ脂肪体がある。オスは尿も精子もウォルフ管で運ばれ、メスは尿がウォルフ管で、卵がミュラー管で運ばれる。

②有尾類の腎臓

有尾類のイモリでは、頭側部は腎臓としてのはたらきを次第に失う。これに対して尾側部は太くなり、腎機能が集中する。

オスは尿、精子ともウォルフ管で運ばれる。ある種のサンシ

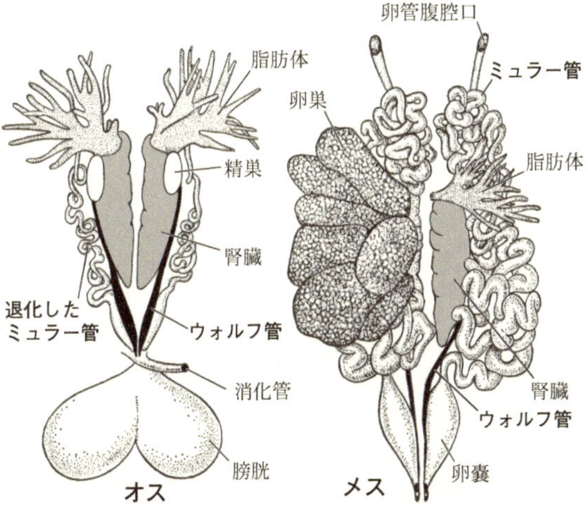

図4-6　無尾類（カエル）の泌尿生殖器系（MacEwenを改変）
尿→ウォルフ管（オス、メスとも）　精子→ウォルフ管　卵→ミュラー管（有尾類も同様）

ヨウウオでは尿専用の尿輸送管（副ウォルフ管）がつくられたため、ウォルフ管は精子専用の輸送管となった。メスでは尿はウォルフ管で、卵はミュラー管で運ばれる。

▶▶▶ 爬虫類、鳥類、哺乳類の腎臓

爬虫類の腎臓はオス、メスともに尿は尿管で、精子はウォルフ管で、卵はミュラー管で運ばれる。オスではミュラー管は退化し、メスではウォルフ管は消滅する（図4-7）。

鳥類の腎臓は三葉に分かれていて、肺のすぐ尾方から始まり、尾側端は骨盤に達している。頭側端近くには精巣や卵巣がある（図4-8）。多くの鳥類では、右の卵巣とミュラー管は退化している。

哺乳類の腎臓は短い楕円形をしている（図4-9）。尿はオス、

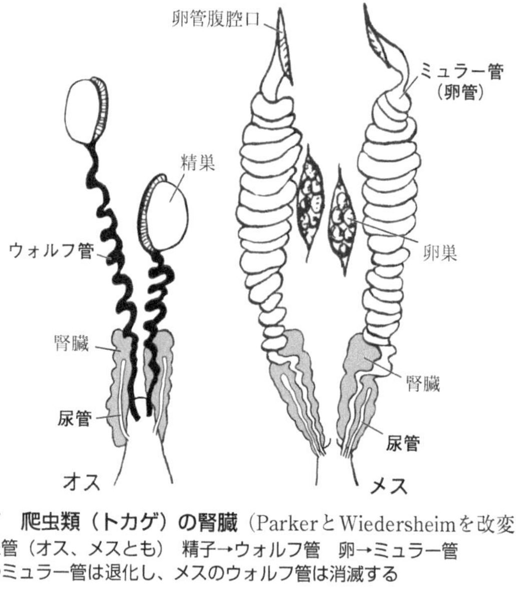

図4-7　爬虫類（トカゲ）の腎臓（ParkerとWiedersheimを改変）
尿→尿管（オス、メスとも）　精子→ウォルフ管　卵→ミュラー管
オスのミュラー管は退化し、メスのウォルフ管は消滅する

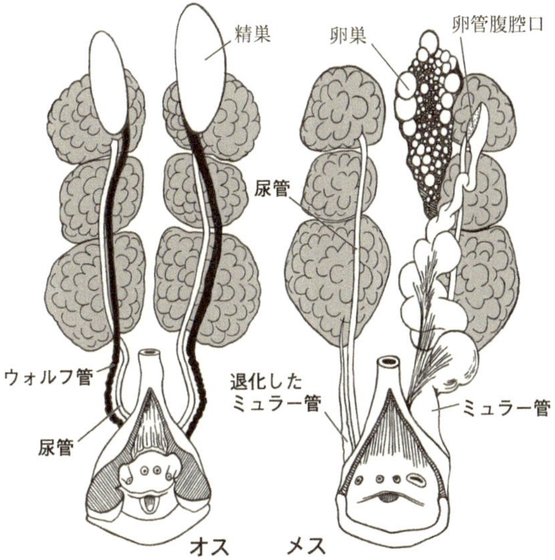

図4-8　**鳥類（ハト）の腎臓**（RoselerとLamprechtを改変）
尿→尿管（オス、メスとも）　精子→ウォルフ管　卵→ミュラー管
多くの鳥類は右の卵巣とミュラー管が退化している

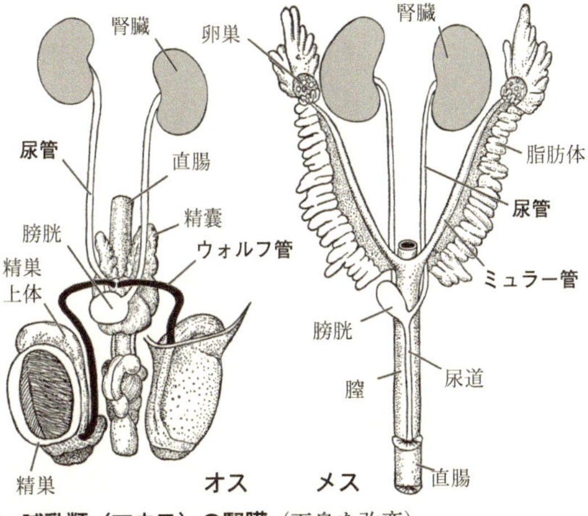

図4-9　**哺乳類（マウス）の腎臓**（下泉を改変）
尿→尿管（オス、メスとも）　精子→ウォルフ管　卵→ミュラー管

メスともに尿管で運ばれる。尿管は尾方に向かって伸び、膀胱に達する。

➤➤➤ 3つの腎臓

腎臓の進化には、ほかの内臓とは違う特殊な方法が採られてきた。原始的な「前腎」から「中腎」へ、そして「後腎」へと、動物体の進化に伴って3つの腎臓がつくられてきたのである。

①前腎

もっとも原始的な腎臓である前腎は、「腎節」という構造単位が直列的に並んだものである（図4-10）。各腎節には腎臓のもっとも基礎になる1本の管、「尿細管」が通っている。

尿細管はミミズの腎管と非常によく似ていて、内方では腎口で体腔に通じている。外方へは、ミミズの腎管は体外に開いているが、脊椎動物の尿細管はウォルフ管につながっている。

前腎の体腔壁には毛細血管が集まった「糸球体《しきゅうたい》」（外糸球体）が分布していて、血液はここを通過する間に老廃物を体腔内に排出する。

前腎は現生の多くの動物で発生の一時期に形成されるが、発生の過程で退化してしまう。

②中腎

中腎の構造は基本的には前腎とほぼ同じだが、尿細管の一部が膨らんで、二重壁になったお椀のような「ボーマン嚢」が形成される。糸球体の多くはこの中に入っていて「内糸球体」または単に糸球体と呼ばれる。ボーマン嚢に入っていない前腎の糸球体は「外糸球体」とも呼ばれる。ボーマン嚢は外方に伸びる尿細管に続き、その外側端はウォルフ管につながっている。

多くの魚類や両棲類の腎臓は、中腎を主体としている。

③後腎

後腎は腎堤の尾側端からつくられるコンパクトな器官であり、内部には多くの尿細管が密に配列している。爬虫類、鳥類と、哺乳類の成体は後腎をもっている。

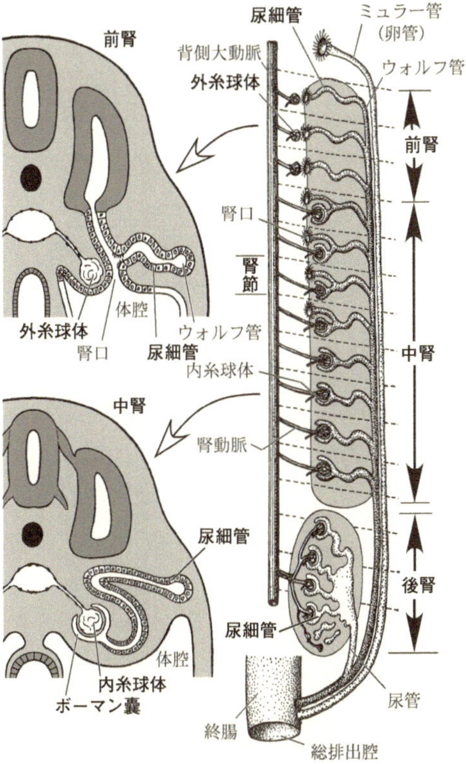

図4-10　**腎臓の進化**（Kühnを改変）

基本的な構造の腎節が並んでいるだけの前腎から、ボーマン嚢と内糸球体をもつ中腎、尿細管が密に配列されてコンパクトになった後腎へと進化する

ヒトの腎臓の発生

ヒトの発生では、１つの個体において前腎、中腎、後腎が順に形成される（図4-11）。腎臓の位置は次第に頭方から尾方へ移る。

発生３週の後半、頚部から胸部にかけて形成された前腎は、発生４週になると退化しはじめ、その尾方に中腎がつくられる。ウサギやネコの胎児では、中腎は発生のある期間に活動して尿を排出することが確認されている。ヒトの中腎は発生４ヵ月頃には退化する。後腎の形成は発生６週頃に始まり、発生３ヵ月には尿を産生するようになり、最終的な腎臓となる。

せっかくつくった腎臓が２つまでも退化消滅してしまうのは一見、非効率的に思えるが、実はそうでもない。

胎児が発育する間、老廃物はたえずつくられる。しかし発生初期にはあまり複雑な腎臓はつくれないので、とりあえず前腎で間に合わせる。発生が進んで胎児の体が複雑になり、前腎では対応しきれなくなると中腎に、そして後腎に取り換えていく。

脳や肝臓も、簡単な構造から精巧なものに成長していくが、それは一つの構造物をリフォームすることで行われる。しかし腎臓では、廃棄と新設、いわばスクラップ・アンド・ビルドの方法が採られた。老廃物

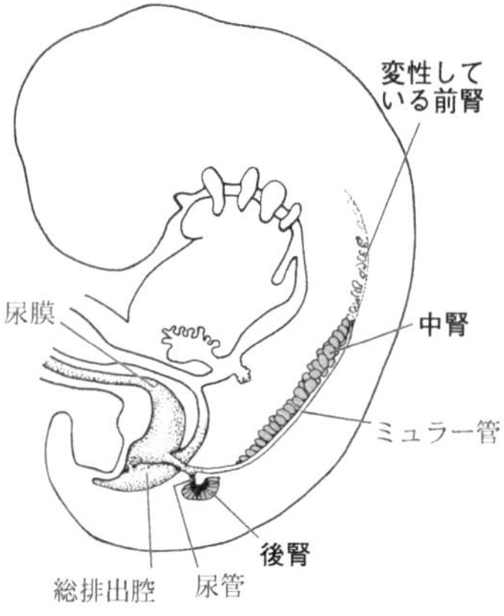

図4-11
ヒトの発生で見る３つの腎臓
発生６週の胚。変性して消滅しつつある前腎、中腎、後腎と、３つの腎臓が見られる

の排出という差し迫った目的に対応するには、リフォームを続けて完成をめざすより、そのつど新しいものをつくっていくほうが効率がよいのであろう。

▸▸▸ ヒトの腎臓の構造

進化をとげた腎臓の構造を、ヒトの腎臓を例に見ておこう。

ヒトの腎臓は握り拳くらいの大きさで、脊柱の両側に配列している。その形は「ソラマメ形」と形容される。ソラマメの中央の凹んだ部分に「腎門」があり、ここから「腎静脈」「腎動脈」と尿管が出入りする（図4-12左）。老廃物を含む汚れた血液は、腎動脈を介して腎臓に入る。老廃物を濾《こ》し取られてきれいになった血液は、腎静脈を通って腎臓の外に出て、全身を循環する。老廃物は尿となり、尿管を通って膀胱に送られる。

腎臓の断面（図4-12右）を見ると、腎門を取りまく領域は「腎盤」（腎盂《じんう》）と呼ばれる腔所になっていて、尿管に続いている。腎盤の外方の領域は暗赤褐色の「皮質」と淡紅色の「腎錐《じんすい》

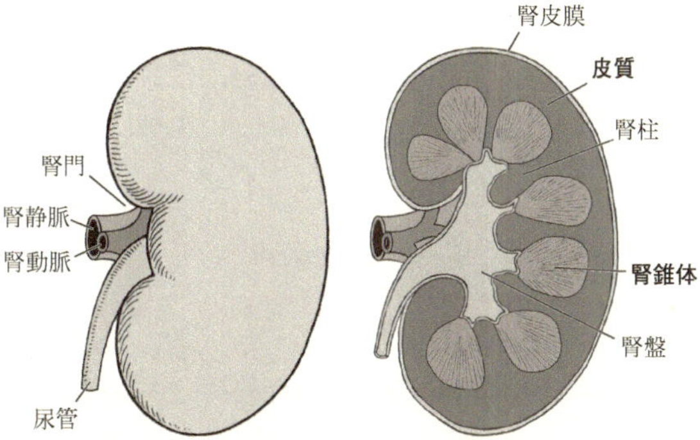

図4-12　腎臓の外形と断面
皮質と腎錐体からなる腎実質には、腎臓の重要な機能がつまっている

体《たい》」からなり、「腎実質」と総称される。腎錐体は10個ほどあり、これを一括して「髄質」と呼ぶ。腎実質にはボーマン囊や尿細管など、尿をつくるうえできわめて重要なものがたくさんつまっている。

3 尿のつくり方の進化

腎臓の主要なはたらきは、尿を産生することである。

動物体の体重の60〜70%は水である。体内の水分を一括して「体液」と呼ぶ。ヒトの場合、体液は約40ℓあり、そのうち25ℓは「細胞内液」である。これは細胞の内部にあり、細胞内でのさまざまな代謝過程の場となっている。残りの約15ℓは「細胞外液」で、組織液と血漿《けつしょう》よりなり、いろいろな器官に栄養分や酸素を届け、炭酸ガスと老廃物を運び去るはたらきをしている。

体液の量や組成は一定に保たれなければならない。尿を産生するということは、老廃物を排出するだけでなく、体液の量や組成が一定になるように調整し、さらには体液のpHも一定に維持しながら尿をつくることなのである。

これらの要請に応じるために、動物たちの腎臓のはたらきがどのように進化していったのかを見ていこう。

窒素代謝産物をどう捨てるか

私たちの摂取するおもな栄養素は、炭水化物、脂肪、タンパク質である。このうち炭水化物と脂肪は、炭素、水素、酸素から構成されている。これらの物質が利用されると、炭酸ガスと水が生じる。また、タンパク質には炭素、水素、酸素のほかに窒素が含まれているため、利用したあとに炭酸ガスや水のほかに「窒素代謝産物」がつくられる。腎臓の重要なはたらきは、窒素代謝産物を中心とした老廃物を、尿として排出することである。

窒素代謝産物としてどのような物質を産生するかは、動物がどのような発生過程を経て、どのような環境に棲息しているかにより、おもに３種類に分かれる。進化の足跡は、ここにも見てとれる。

①毒性の強いアンモニア

円口類、硬骨魚類、両棲類の幼生などの水棲動物は、おもにアンモニアを窒素代謝産物として産生している。タンパク質はアミノ酸に分解され、アミノ酸はアンモニアと有機酸に分解されるので、アンモニアはもっとも基本的な窒素代謝産物である。

アンモニアの利点は非常に水に溶けやすいことだが、毒性がきわめて強いという難点がある。したがって、これらの動物たちは鰓や体表からたえずアンモニアを排出している。腎臓は排出器官としてはあまり大きな役割を果たしていない。

②大量の水を要する尿素

アンモニアに炭酸ガスが結合すると「尿素」という物質になる。尿素はアンモニアに比べて毒性がはるかに低いため、多くの動物がこれを窒素代謝産物として採用した。

ただし、尿素は水に溶けた状態でないと排出できず、しかもアンモニアよりも水に溶けにくい。そのため、排出するには大量の水が必要となった。ウサギやモルモットを飼育していると敷き藁《わら》がすぐに水浸しになるが、その原因の一つは、尿素を排出するために水分を大量に含んだ尿を出していることによる。

卵の時期を水中で過ごす軟骨魚類や両棲類、胎児期を母体の中で過ごす哺乳類など、尿素を外に排出できる環境で発育してきた動物たちは、成体になっても尿素を窒素代謝物として排出している。

③水を必要としない尿酸

爬虫類と鳥類はしっかりした卵殻に包まれた卵の中で発育するため、老廃物も卵の中に蓄えなければならない。窒素代謝産物を水に溶けやすい物質にしてしまうと、卵の中で有害な物質の濃度が上昇してしまう。

そこで、これらの動物は窒素代謝産物を「尿酸」という物質にして排出している。尿酸は水にほとんど溶けないので排出の際に水を必要としない。水の排出量を抑えられる尿酸は、窒素代謝産物としてもっとも優れたものと考えられる。

飛翔する鳥は、尿酸を選んだことが有利にはたらいた。排出のために水を飲まなくてもよいので、手間も省け、水による体重増加も避けられるからだ。鳥が排出する、ソフトクリームが溶けたような白いドロッとしたものが、尿酸を主体とした尿である。鳥類の排出物には水はごく少量しか含まれていないため、鳥を飼っていると鳥籠の底には白く乾いた尿酸が溜まるだけで、いつも乾燥しているのがわかる。

なお、無脊椎動物でもっとも進化した動物とされている昆虫類も、尿酸を窒素代謝産物として排出している（→第７章）。爬虫類や鳥類と、昆虫類はまったく別個に進化してきた動物だが、窒素代謝産物の排出については同じ方法に到達したのである。

➤➤➤ 尿ができるまで ❶濾過

では、腎臓がどのようにして尿をつくり、排出しているのか、哺乳類の場合を見ていこう。その最初の、そしてもっとも重要な過程は「濾過」である。

老廃物を含んだ血液は腎臓の腎実質にある「腎小体《じんしょうたい》」という部位で濾過される。腎小体はあとに続く尿細管とセットで、腎臓の基本的な構造物である「腎単位」を構成する。

腎小体はボーマン嚢と糸球体で構成されている（図4-10参照）。ボーマン嚢に「輸入細動脈」が入り、多くの毛細血管に分かれて糸球体を形成したあと、「輸出細動脈」としてボーマン嚢を出る。

糸球体ができたことは、腎臓の歴史において画期的だった。糸球体を形成する毛細血管は血管壁が薄く、血液は血管内をゆっくり流れる。そのため、血液に含まれる老廃物は、血管壁を通り抜けて外に出てくる。これが濾過の原理である。

具体的には、腎小体での濾過は「糸球体濾過膜」というフィルターを通して行われる（図4-13）。だが、この段階での濾過は、意外なほど大まかである。フィルターの孔より小さいものは、老廃物であれ、体に必要なものであれ、区別せずに通してしまう。最初の段階で血液から老廃物だけを選んで取り除くという作業をしていては、時間がかかりすぎるからだ。

多くの哺乳類では、糸球体濾過膜孔の大きさは約5nm（ナノメートル：$1\text{nm}=10^{-9}\text{m}$）である。血漿にはアルブミン、グロブリン、フィブリノゲンなどの「血漿タンパク質」と総称される分子量の大きなタンパク質が含まれているが、糸球体濾過膜のフィルターは、血漿タンパク質などの分子量の大きな物質以外は通してしまうのである。

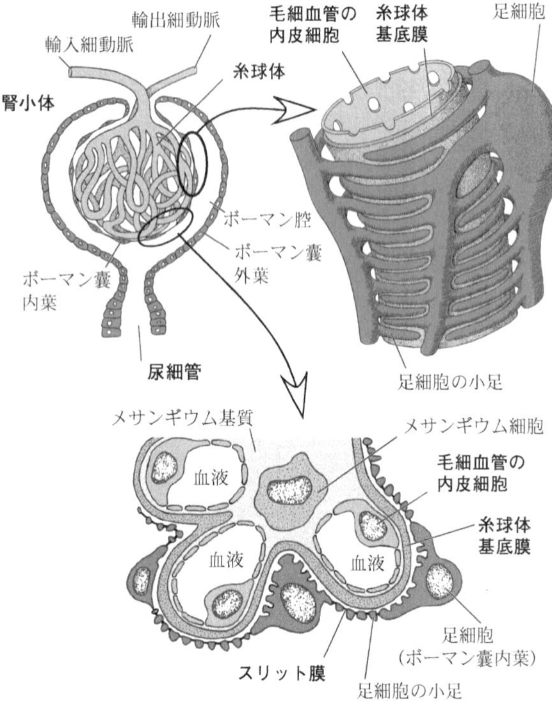

図4-13 **腎小体の濾過装置**（Leonhardtを改変）
上左：ボーマン嚢に入った輸入細動脈は多くの毛細血管に分かれて糸球体を形成する。ボーマン嚢の二重の壁のうち、内方の壁を内葉、外方の壁を外葉という。内葉と外葉の間にはボーマン腔という腔所がある。外葉は尿細管の管壁に続き、ボーマン腔は尿細管の管腔に続いている
上右：ボーマン嚢の内葉には「小足」と呼ばれる突起を多数もつ足細胞が並んでいる
下：隣接する小足の間にはスリット膜が張っている。また、糸球体をつくる毛細血管は薄い内皮細胞で構成され、その周囲をコラーゲンや糖タンパクからなる緻密で薄い糸球体基底膜が取り巻いている
スリット膜、毛細血管内皮細胞、糸球体基底膜の3枚で「糸球体濾過膜」というフィルターがつくられている

▸▸▸ 尿ができるまで ❷再吸収と分泌

腎小体での大まかな濾過を経て、老廃物を含んだ大量の濾過液がつくられる。これが尿のもとになる「原尿」である。

糸球体の毛細血管には、毎分800〜1000mℓの血液が流れている。その約半分は血球で、残り半分が血漿（液体の部分）である。つまり、糸球体の血管には毎分約400〜500mℓの血漿が流れている。仮に糸球体で濾過する量をこの20%とすると、毎分約80〜100mℓとなり、1日単位に換算すると約150ℓも濾過していることになる。しかし、ヒトの場合、体内の全血漿量は約3ℓである。その50倍もの原尿が体内に存在するはずがない。これはいったいどういうことだろうか。

原尿は、ボーマン腔から尿細管に入り、ここを流れる間に「管腔内液」と呼ばれるようになる。腎小体での濾過は大まかなので、この液にはまだ多くの有用な物質が混ざっている。

一方、糸球体では、輸入細動脈から入った毛細血管が、老廃物を濾しとられて輸出細動脈となって糸球体を出たあと、「尿細管周囲毛細血管」となって尿細管の周囲を走行する（図

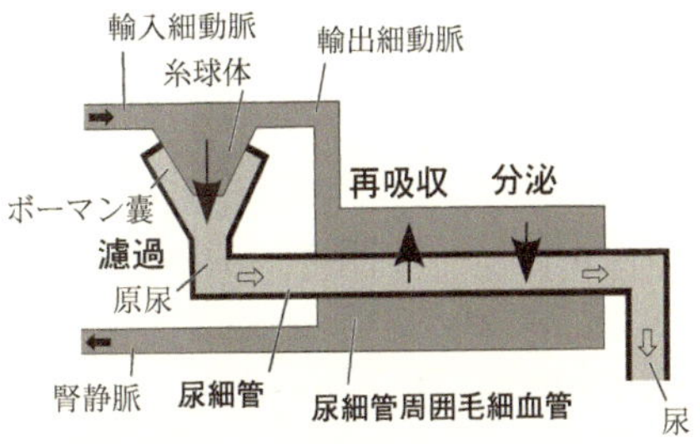

図4-14 尿が産生される過程（Quiringを改変）
濾過されてつくられた原尿は、尿細管を流れる間に尿細管周囲毛細血管を流れる血液との間で有用な物質と老廃物を交換し（再吸収と分泌）、不要なものだけを残して尿として排出される

4-14)。ここを流れる血液中には、まだ老廃物が含まれている。

そこで、尿細管を流れる管腔内液と、尿細管周囲毛細血管を流れる血液との間で、物質の授受が行われる。管腔内液には不要なものだけが残り、有用な物質はすべて尿細管周囲毛細血管のほうに吸収される。これを「再吸収」という。

実は原尿の大部分は、(管腔内液となって) 尿細管を流れる間に再吸収されて、血液に戻っているのだ。糸球体が濾過する量は前述のように1日で150ℓ、1日に排出される尿量は平均1.5ℓなので、原尿の99%は再吸収されていることになる。

尿細管周囲毛細血管を流れる血液中に残る老廃物は、尿細管に排出される。これを「分泌」という。再吸収と分泌を繰り返すことにより腎臓は、まだ使えるものと使えないものを原尿からゆっくり時間をかけて選り分けている。尿細管は部位によってはたらきが異なるとともに、非常に長いことが特徴だが、これも一つには再吸収と分泌を十分に行うためである。

▸➤➤ 尿を濃縮する

動物の体液の量と組成は、つねに一定に保たれている。水をふんだんに使える水棲動物なら、体内に老廃物がなくなるまでどんどん尿を出しても、水が足りなくなれば飲んで補えばよい。だが、陸棲動物は水がいつでも自由に手に入るとはかぎらない。それでもコンスタントに発生する老廃物を着実に捨てながら、水分バランスを保っていくために、陸棲動物には尿の量と組成を調節するしくみが必要になった。

動物が尿の量を調節する方法は2種類ある。一つは糸球体に入る血液量をコントロールして濾過率を変える方法で、魚類、両棲類、爬虫類および鳥類はこうして尿量を調整している。

もう一つが、鳥類の一部と哺乳類で採用されているはるかに高等な方法である。その驚くべきしくみを見ていこう。

腎臓を走る尿細管は、いくつかのパートに分かれている（図4-15）。ボーマン嚢を出た原尿は「近位尿細管」から、腎臓の深部の髄質に向かったあと、反転して表層に向かい皮質に戻ってくる。このときU字形を描く部分を「ヘンレ係蹄《けいてい》」という。

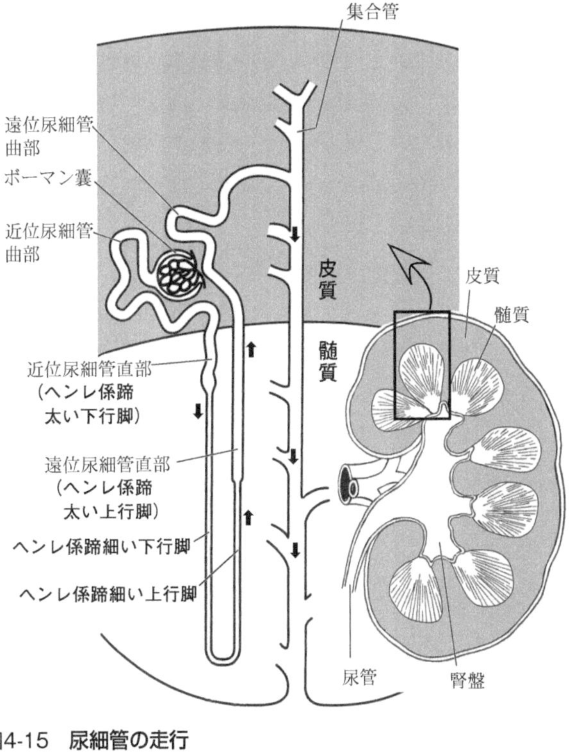

図4-15　尿細管の走行

➡：管腔内液が流れる方向

ボーマン嚢を出た尿細管は皮質から髄質へと下り、ヘンレ係蹄の下行脚→上行脚となって髄質をめぐったあと、皮質に戻って集合管へ向かうヘンレ係蹄には深部に向かう「ヘンレ係蹄下行脚《かこうきゃく》」と、折り返して皮質に向かう「ヘンレ係蹄上行脚《じょうこうきゃく》」がある。

ヘンレ係蹄上行脚のあとは「遠位尿細管曲部」を経て「集合管」に合流する。尿の量は、この遠位尿細管から集合管にかけての領域で、尿を濃縮することで調節される。ここでポイントとなるのは、尿細管が集合管に達するまでに、ヘンレ係蹄を上下して、皮質と髄質を往復していることである。

ヘンレ係蹄の下行脚と上行脚は、狭い間隔で並行して走っている。周囲の髄質は「間質液」という液体で満たされている。

上行脚では、中を流れる管腔内液から間質液に向かって塩化ナトリウム（NaCl）がエネルギーを使って輸送される。その結果、管腔内液の塩化ナトリウムの濃度は低くなる。つまり、浸透圧が低くなる。

一方、ヘンレ係蹄下行脚の管壁には、塩化ナトリウムを通しやすい性質がある。このため、上行脚の管腔内液から間質液に輸送された塩化ナトリウムは、下行脚内の管腔内液と間質液の塩化ナトリウム濃度が同じになるまで下行脚に入り込む。結果として、塩化ナトリウムの濃度は管腔内液でも間質液でも、下に行くほど濃くなる（図4-16）。

実は腎臓の狙いは、ヘンレ係蹄の上行脚と下行脚の間で塩化ナトリウムを移動させて、内部に塩化ナトリウムの濃度勾配をつくることにあったのだ。

逆転の発想

しかし、尿を濃縮するのであれば、ふつうに考えれば管腔内液から水を吸収して濃度を上げるべきだろう。ところが、哺乳類が採ったのは、ヘンレ係蹄上行脚で管腔内液から塩化ナトリ

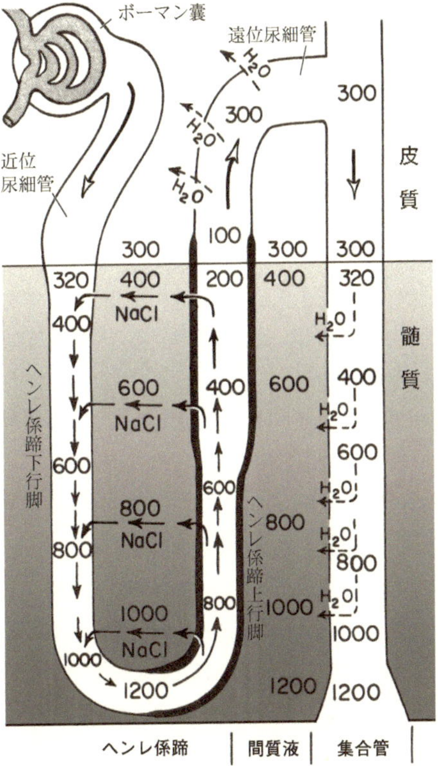

図4-16　**尿の濃縮**（Guytonを改変）

数字の単位はmOsm/ℓ（水溶液1ℓに溶けている物質群の総モル数）、数字が大きいほど濃度が高い。グレーは間質液に含まれるNaClの濃度で、色が濃いほど濃度が高い

—▷: 尿細管を管腔内液が流れる方向

—►: 塩化ナトリウムが移動する方向

--►: 管壁の水分透過性が増したときの水分の動き

管腔内液も間質液も、下へ行くほど塩化ナトリウム濃度が濃くなる濃度勾配を形成している。管壁の水分透過性が増すと、管腔内液の水が間質に出ていき、管腔内液は濃縮される

ウムを取り出すという方法だった。これでは尿を濃縮するどころか、管腔内液は希薄になってしまう。

この奇想天外なしくみを合理的にしているのが、脳から分泌されるあるホルモンの存在である。脳には体内の水分量が十分か、不足気味かを感知するところがある。そこからの指令により、下垂体後葉からの「抗利尿ホルモン」の分泌がコントロールされている。このホルモンは遠位尿細管や集合管の管壁に作用して、水の通りやすさをコントロールしている。抗利尿ホルモンの量が増加すると、遠位尿細管や集合管の管壁は水を通しやすくなるのだ。

体内の水分が多いときは、抗利尿ホルモンは分泌されず、遠位尿細管や集合管の管壁はほとんど水を通さない。ヘンレ係蹄上行脚の終末部で100mOsm/ℓにまで希釈された管腔内液は、そのまま遠位尿細管や集合管を通過して「希釈尿」として排出される。この尿の浸透圧は血漿の約３分の１である。

体内の水分が不足気味のときは、抗利尿ホルモンが分泌されて、遠位尿細管と集合管の管壁は水分を通しやすくなり、水分は間質に再吸収されて、管腔内液は濃縮される。

集合管を流れる管腔内液の浸透圧は、皮質を通る部分では血漿と同じ約300mOsm/ℓだが、集合管壁が水を通しやすくなった場合、髄質の深部に行くまでに間質液と同じ1200mOsm/ℓにまで濃縮される。

哺乳類が採用した尿の濃縮法とは、間質液に塩化ナトリウムの濃度勾配をつくりだすことで、尿の濃縮度を抗利尿ホルモンの分泌量によって自由に変えることができるというシステムだったのだ。腎臓には体内の水分状況を判断する能力はない。状況を大所高所から判断できるのは、脳である。腎臓は、脳の指令を受けて分泌される下垂体後葉ホルモンの指示を仰ぐことで、尿の適確な濃度調節を実現したのである。

なお、このヘンレ係蹄の下行脚と上行脚の関係も、第2章で見た魚類の鰓におけるガス交換のしくみと同様の「対向流交換系」である。

4 体液調整法の進化

体液pHの調整システム

体液のpH（水素イオン濃度）を一定に維持することも、腎臓の重要な役割である。たとえばヒトの体液は、pH7.4の弱アルカリ性でほぼ一定に維持されている。

pHは摂取した食物によっても変動する。動物は栄養分の酸化によりエネルギーを得ているため、体液は酸性に傾きやすい。酸とは水溶液中で水素イオン（H^+）を遊離する物質であり、水素イオンの量が多いほど酸性の度合いは強くなる。pHの調整とは、水素イオンの量を一定に保つことである。

体液のpHを一定に保つ機構を「酸塩基平衡」という。動物体では、pHが変動するような力がはたらいても酸塩基平衡が維持されるしくみになっている。これを「緩衝《かんしょう》作用」と呼ぶ。動物体には血液、呼吸器系、腎臓に緩衝作用がある。

血液の緩衝作用は、重炭酸イオン、リン酸イオン、血漿タンパク質、ヘモグロビンなどが水素イオンの増加を打ち消すはたらきをして、pHの変動を防ぐものである。たとえば重炭酸イオンは増加した水素イオンと反応して炭酸となり、炭酸は水と炭酸ガスになる。炭酸ガスは呼吸器から外界に排出できる。

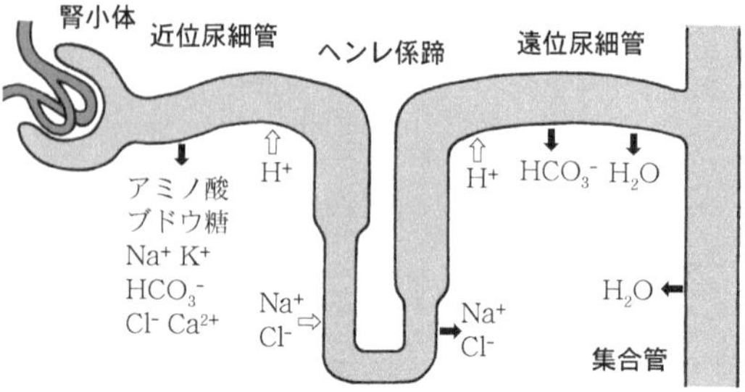

図4-17　尿細管と集合管での物質の移動
⇨：分泌　➡：再吸収

呼吸器系の緩衝作用は、血液中の炭酸ガス量を調整することでpHの変動を防ぐしくみである。

腎臓の緩衝作用とは、①血液中の過剰な水素イオンを尿細管の管腔内液に分泌する、②管腔内液から重炭酸イオンを再吸収する、の２つでpH変動を防ぐしくみである（図4-17)。

腎臓のpH調整は時間がかかるが、pHの変動を防ぐしくみとしては、血液や呼吸器より強い作用がある。

血圧を維持するシステム

これまで述べてきた精妙な腎臓の機能を維持するためには、糸球体の濾過量をほぼ一定に保つことが重要である。それには、糸球体内の血圧がほぼ一定に保たれている必要がある。そのための装置として「糸球体近接装置」がある（図4-18)。この装置は次のようなはたらきをする。

糸球体を構成する毛細血管の血圧が下がったり、遠位尿細管を通る管腔内液のナトリウムイオンが減少したりすると、糸球体近接細胞から「レニン」というホルモンが分泌される。レニンは血圧上昇作用のある「アンジオテンシンⅡ」という生理活性物質をつくり、副腎皮質に作用して「アルドステロン」というホルモンの産生と放出を促進する。アルドステロンは集合管からのナトリウムイオンの再吸収を促進し、体液量を増加させる。これらのはたらきにより血圧は上昇し、糸球体の濾過量は回復する。

▸▸▸ さまざまな体液調整法

それぞれの動物が、どのように体液を調整しているか、その方法がどのように進化してきたかは非常に興味深い。水棲動物と陸棲動物では、体液の調整法が大きく異なっているからだ。

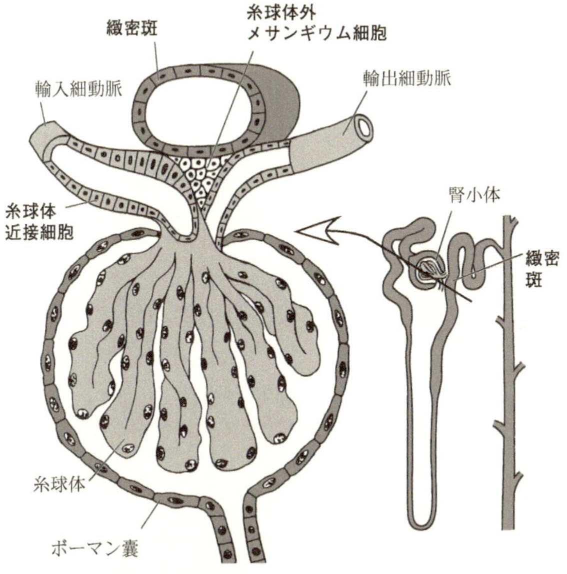

図4-18　糸球体近接装置
糸球体近接装置は、輸入細動脈壁にある糸球体近接細胞、緻密斑、糸球体外メサンギウム細胞より構成される

水棲動物では腎臓のほかに鰓や口腔粘膜も、体液の調整に大きな役割を果たしている。過剰になった水はおもにそれらから排出される。窒素代謝産物は、大部分が鰓から排出される。とくにアンモニアは約90%が鰓から排出されている。

陸棲動物では、鰓や口腔粘膜が果たしていた機能の多くは、腎臓が引き受けることになった。尿素や尿酸、あるいは塩化ナトリウムや炭酸カルシウムなどの無機塩類は、血液とそれ以外の液体との間でしか交換できない。陸棲動物の体において、それらを交換する場、つまり液体と液体が接する場所は唯一、腎臓しかないからである。

大部分の水は、腎臓から排出されるようになった。窒素代謝産物も、ごく一部が汗として排出される以外は、ほとんどすべてが腎臓から排出されることになった。

動物が陸に上がったとき、呼吸器系（ガス交換）の機能は、鰓から肺に比較的簡単に移れたと考えられる。しかし、体液調整機能を鰓から腎臓に移すには、非常に時間がかかったのではないかと思われる。体液調整法の進化をたどってみよう。

①ホソヌタウナギ

円口類のホソヌタウナギ（図4-19上）は、体液の組成が海水とほぼ同じなので、浸透作用によって体内に水が出入りすることはない。だが浸透圧は同じでも、血液と海水ではイオン組成は違うので、イオンの調整は行われていると考えられる。

腎臓には短い尿細管があり、ブドウ糖などが再吸収され、マグネシウムイオン、カルシウムイオンなどが捨てられている。尿量は少なく、体重1kgにつき1日あたり1～5mℓである。

②ヤツメウナギ

円口類のヤツメウナギ（図4-19中と下）は河川で産卵する。

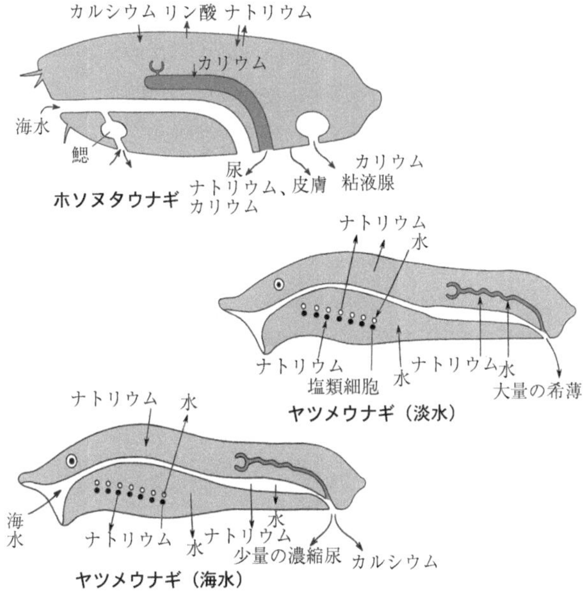

図4-19　円口類の体液調整（Hardistyを改変）
尿細管はホソヌタウナギでは短く、ヤツメウナギでは長い（以下、図4-21まで、濃いグレーの部分が尿細管）

孵化した稚魚は海に下り、数年後に生まれ育った河川に戻り、産卵する。したがって彼らは、淡水と海水のどちらにも適応できる能力をもっている。

淡水では浸透作用で鰓や体表から水分が流れ込み、無機塩類は流出する。過剰な水分を排出するため腎臓のボーマン嚢がよく発達し、水分の多い尿を大量に産生する。また、流出した無機塩類を補うため尿細管は長くなり、管腔内液がそこを通る間に無機塩類を回収している。さらに、鰓には（無機塩類を吸収するための）「塩類細胞」がある。

海水では逆に水分を喪失し、大量の無機塩類が入り込む。水分を補うため大量の海水を飲み、消化管から吸収する。この時期にはボーマン嚢での濾過は抑制されている。過剰な無機塩類は、腎臓や鰓にある（無機塩類排出用の）塩類細胞から排出する（淡水で使用する塩類細胞とは別個の細胞）。

なお、魚類ではサケが同様の生活をしているほか、ウナギは逆に海で生まれて川で成体になり、再び海に戻って産卵する。ウナギを淡水から海水に移すと、半日で体重が４％も減少する。しかし口から水分を補給することで、１～２日の間に体重は元に戻る。逆に海水から淡水に移すと、最初は体重が多少増加するが、まもなく尿量が増えて体重の増加は止まる。

③軟骨魚類

海に棲む軟骨魚類（図4-20上）の血液に含まれる無機塩類の濃度は、海水の約３分の１である。この状態では、海水の無機塩類が大量に体内に流れ込んでしまう。そこで軟骨魚類は血液中に有機物、とくに尿素を蓄積して、体液の浸透圧を海水とほぼ同じにしている。軟骨魚類の血液中には、ほかの動物の約1000倍もの尿素が含まれている。尿素の量は腎臓や鰓で調整する。腎臓では大きな糸球体で尿素を濾過しているが、濾過された尿素を積極的に再吸収するため、軟骨魚類の尿細管は非常に長い。

軟骨魚類が死亡すると、血液中の大量の尿素が分解されてアンモニアが発生するため、死体は強いアンモニア臭を発する（尿素そのものは無臭の物質である）。軟骨魚類の肉を利用する際は、水でアンモニアをよく洗い流す必要がある。

なお、シーラカンスや、東南アジアのマングローブの湿地帯で海中に生息するカニクイガエルも、尿素を体内に保持することで浸透圧の問題を解決している。カニクイガエルは尿量を減

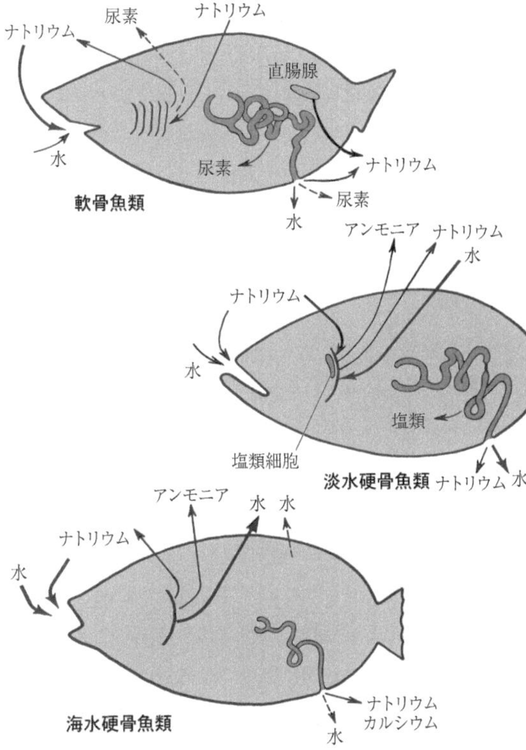

図4-20　魚類の体液調整（Hildebrandを改変）
軟骨魚類は血液中に大量の尿素を蓄積している。淡水の硬骨魚類は腎小体が大きく、近位尿細管が非常に長い。海水の硬骨魚類は糸球体が小さい

らすことで、体内に尿素を確保している。

④淡水の硬骨魚類

淡水に棲む硬骨魚類（図4-20中）は、体液の濃度が淡水よりはるかに高いため、鰓や口腔の粘膜から大量の水が入ってくる。そのため大きな腎小体をもち、希薄な尿を大量に産生し、水を排出している。１日に体重の３分の１に相当する尿を排出

する種もいる。窒素代謝産物はおもにアンモニアで、約90%は鰓から、残りの10%は腎臓から排出している。

もう一つの問題は、無機塩類が流出してしまうことである。そこで、おもに鰓にある（吸収用の）塩類細胞から、無機塩類を能動的に取り入れている。また、非常に長い近位尿細管でブドウ糖やアミノ酸、ナトリウムイオンや塩素イオンなどを再吸収している。

⑤海水の硬骨魚類

海水に棲む硬骨魚類（図4-20下）は、体液の濃度が海水より低いので、体内の水はたえず流出し、無機塩類は体内に入り込んでくる。これに対応するため、２つの対策が講じられている。

一つは、海水を飲み、水不足を補うことである。しかし海水を飲むと、水とともに無機塩類も吸収されてしまう。魚類の腎臓では多量の無機塩類を取り除くことはできないため、おもに鰓にある（排出用の）塩類細胞で無機塩類を排出している。

もう一つは、腎臓での水分濾過量をできるだけ減らして体内の水分を維持することである。このため、海水硬骨魚類の糸球体は小さくなるか、種によっては消滅することもある。身近な魚類では、タツノオトシゴやアンコウなどは糸球体がない。

⑥両棲類

両棲類（図4-21上）の体液調整は、水中では淡水魚類の場合とよく似ている。体内に入った水を希薄な尿として大量に捨てるため、糸球体は大きい。失われる無機塩類は、近位尿細管で再吸収されるほか、周囲の水から取り込んで補っている。そこで重要な役割を果たしているのが、皮膚である。両棲類の皮膚にはナトリウムイオンや塩素イオンを取り込む能力がある。

陸上では、水や無機塩類はほとんどすべて、口から入ってくる。排出の大部分は腎臓で行われ、尿素を排出している。オタマジャクシは鰓から窒素代謝産物のアンモニアを排出する。

⑦爬虫類：窒素代謝産物は尿素に

陸棲動物では、水はおもには腎臓から、一部は肺や皮膚から排出され、かなりの量が失われる。そのため陸に上がった爬虫類（図4-21下）は窒素代謝産物を尿酸として排出し、水を節約している。多くの水を濾過する必要がないため糸球体は小さくなり、尿細管も短い。

淡水に棲息する爬虫類は、希薄な尿を大量に排出することによって、水分の過剰流入に対応している。

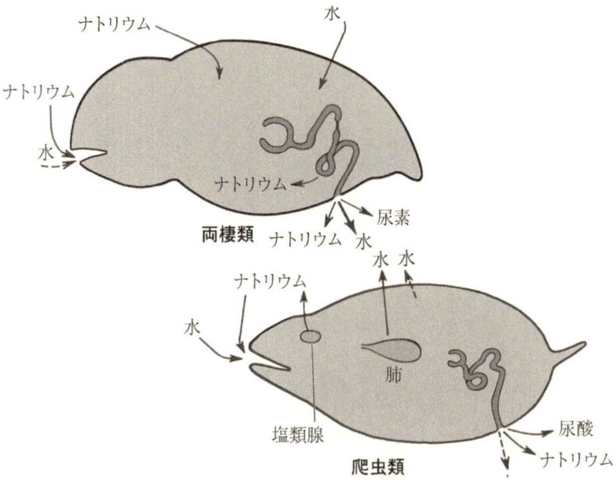

図4-21　両棲類と爬虫類の体液調整（Hildebrandを改変）
両棲類は水中では口と皮膚から、陸上では口から水や無機塩類を取り込む。陸上では排出の大部分は腎臓で行われる。爬虫類は窒素代謝産物を尿酸として排出する。糸球体は小さく、尿細管は短い。海水の爬虫類は過剰な無機塩類を排出するための塩類腺をもった

海水に棲息する爬虫類は、肺呼吸をしているので鰓を介して水分を失うトラブルは免れている。問題は、飲み水である。水分を補うために海水を飲むと、無機塩類も体内に入ってしまう。さらに、食物にも多量の塩分が含まれている。そこで爬虫類は涙腺、眼窩《がんか》腺などを変化させ、過剰な無機塩類を排出するための「塩類腺」をもった。ただし、塩類腺は必要なときのみ作動するという点で、休むことなくはたらく腎臓より劣る。

⑧鳥類

鳥類（図4-22上）は窒素代謝産物を尿酸として捨てている。

一部の鳥類の腎臓は、血漿よりも浸透圧が高い、つまり高濃度の尿を産生できる。窒素代謝産物、過剰な無機塩類や水などは、すべて腎臓で排出している。一方で、尿酸を窒素代謝産物とすることで水を節約できるため、糸球体は小さく、濾過量も

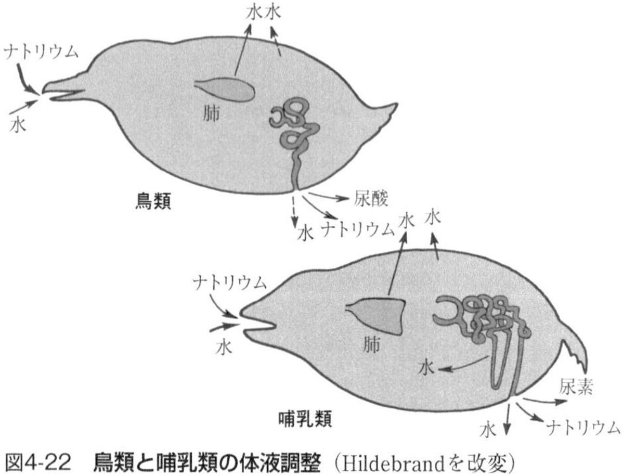

図4-22　**鳥類と哺乳類の体液調整**（Hildebrandを改変）
鳥類は窒素代謝産物を尿酸として排出して水を節約している。哺乳類は窒素代謝産物を尿素として排出する

少ない。

⑨哺乳類

哺乳類（図4-22下）は窒素代謝産物を尿素として排出するため、かなりの量の水が必要となるという点では、鳥類より劣る。ただし、前述したように抗利尿ホルモンと連携した巧妙な尿濃縮システムによって、体液より高濃度の尿をつくることでそのマイナスを補っている。

第5章 生殖器系の進化

広大な世界で、いかに効率よく
精子と卵を出会わせるか。

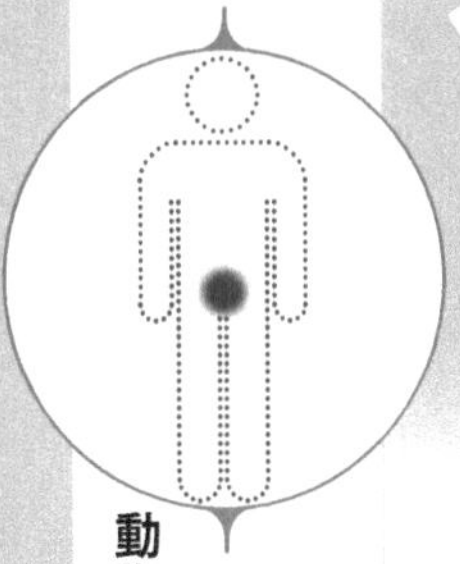

動物たちは種の存亡を賭けて多彩な様式を編み出した。

あらゆる生物には、寿命がある。だが個体としての寿命は尽きても、子孫を残すことで生物は生き永らえているといえる。生物が「自分」という個を超えて、種として存続するために発達した器官系が「生殖器系」である。

生殖には、さまざまな様式がある。自分の分身をひたすらコピーしつづけるのにも似た「無性生殖」もあれば、オスとメスの遺伝子がミックスした子孫を残す「有性生殖」もある。精子と卵が出会う方法にも、「体外受精」もあれば「体内受精」もある。また、受精卵の育て方にも親の体外に出す「卵生」と、体内で育てる「胎生」がある。

それら多岐にわたる生殖様式は動物がそれぞれの環境で最善の結果を求めて発達したものであり、その点で、これまで見てきたほかの内臓の進化と変わりはない。違うのは、生殖器系だけは個を超えた、未来のための器官ということである。

1 なぜオスとメスがいるのか

有性生殖はオスとメスの接触が必要なため、単独でコピーを作製していく無性生殖よりも効率が悪いように感じられる。しかし、実際にはほとんどの動物が有性生殖を選択している。それは、なぜなのだろうか？

▸▶▶ ゾウリムシの3つの生殖法

この問いを考えるヒントになるのが、ゾウリムシの生殖である。ゾウリムシは「無性生殖」「有性生殖（接合）」「自家生殖」という3種類の生殖方法を採用している。それぞれを比較してみると、有性生殖がより優れた方法であることがわかる。

ゾウリムシは池や水田などに棲む、体長100〜200μm（マイクロメートル＝10^{-6}m）、横幅40μmほどの単細胞生物である（図5-1）。体表に生えている約3500本の線毛を動かして、巧みに運動する。餌はおもに細菌類である。

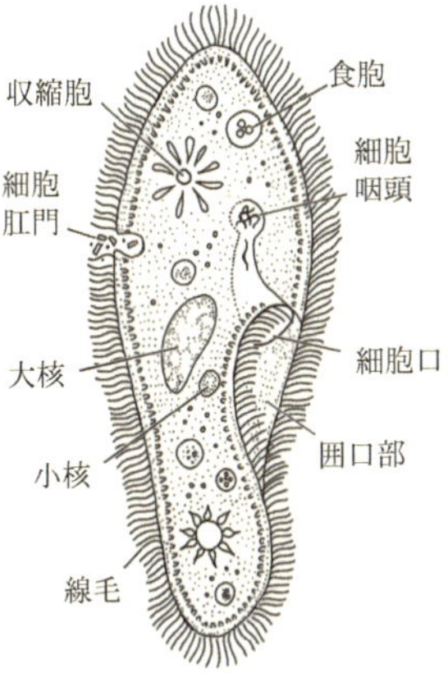

図5-1　ゾウリムシの構造

ゾウリムシが属する線毛虫類は、大小2個の「核」をもっていることが特徴である。小さいほうは生殖に関係する「小核」で、核の中に2組の「遺伝子」が入っている。大きいほうは「大核」と呼ばれ、数百組の遺伝子が入っていて代謝に関係している。細胞には「生殖細胞」（精子や卵）と「体細胞」（生殖細胞以外の細胞）があるが、小核は生殖細胞の起源であり、大核は体細胞の起源と考えられている。

▸▸▸ 無性生殖には限界がある

ゾウリムシは体軸の中央部でくびれるようにして、前半部分と後半部分に「分裂」する（図5-2）。このきわめて単純な生殖方法が無性生殖である。分裂の結果、まったく同じ遺伝子をもった個体ができる。

ただし、分裂には限界がある。150〜700回繰り返すと、もはや分裂できなくなり、細胞は死んでしまうのだ。分裂を繰り返せば遺伝子には損傷やコピーエラーなどが蓄積されていく。そうして劣化した遺伝子が子孫を残しても、劣化種を増やすだ

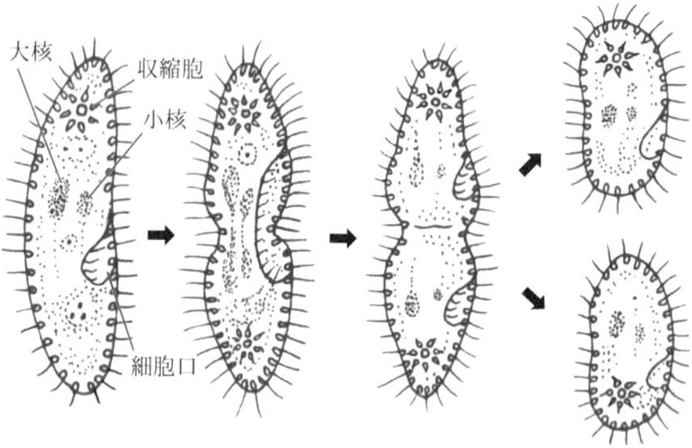

図5-2 ゾウリムシの分裂

けで、生殖本来の目的である“種の存続”にはつながらない。

つまり、劣化遺伝子の拡大を阻止するために、ゾウリムシには分裂の限界があらかじめセットされているのだ。

原始的な有性生殖「接合」のプロセス

ゾウリムシの有性生殖を「接合」という。接合は小核を用いた、非常に原始的な有性生殖と考えられる。

ゾウリムシにはオス、メスに相当する「E型」「O型」という区別があり、接合は型が違う相手としかできない。型の違いは顕微鏡で観察しても判別できないが、生物学的にE型とO型は別個であり、ゾウリムシどうしは、その違いを認識できる。

接合は図5-3のような過程を経て行われる。ここでは、相手に移る移動核は精子に、自分に留まる静止核は卵に相当すると考えられる。つまり、ゾウリムシはE型とO型のいずれも、精子に相当するものと卵に相当するものをあわせもっていることになる。

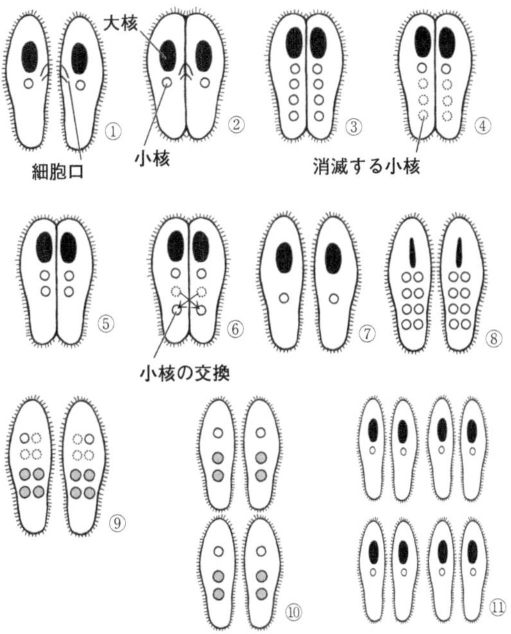

図5-3　ゾウリムシの接合
①E型とO型の個体が互いに近づき、②細胞口のある側で接着する
③小核でDNAが合成され、量が倍になる。小核は減数分裂（後述）して4個になる
④4個の小核のうち3個が消滅し、⑤残った1個の小核が分裂して、2個になる
⑥両個体が小核を1個ずつ交換すると（相手に移る小核を「移動核」、自分に残る小核を「静止核」という）、⑦静止核と移動核が融合して、1個の小核となる（受精）
⑧受精した小核は2回分裂して合計8個になる。大核が細長い形になる
⑨大核は消滅し、小核8個が残る。そのうち4個は大きくなり、残り4個のうち3個は消滅する
⑩それぞれの個体が分裂する。新しい個体には大きくなった小核が2個ずつ配分される。残った1個の小核は分裂し、各個体に1個ずつ配分される
⑪各個体はもう一度分裂し、全部で8個体となる。それぞれの個体に、大きくなった核と小さいほうの核が1個ずつ配分される。大きいほうの核は大核になり、小さいほうの核は小核になる

▸▶▶ 有性生殖で“不死身”になれる

接合においてもっとも重要なポイントは、その初期に、自分と相手の小核が混ざり合うことである。おそらくここで、DNAの修復や組み換えが行われていると考えられる。極端にいえば、接合によって、それまでとは違う新たな組み合わせの遺伝子をもつ細胞に生まれ変わったことになる。これによって限界が決まっている分裂回数はリセットされ、ここから新たに150〜700回の分裂をすることができる。

適当な間隔をおいて接合することで、ゾウリムシは“不死身”になれる。ただし、接合できるようになるまでには一定の期間が必要で、この時期を「未熟期」という。未熟期の間に約50回分裂すると性的に成熟し、接合が可能になる。分裂回数が50〜600の期間を「生殖期」といい、この間に盛んに分裂する。

しかし600回以上分裂すると、ゾウリムシは接合能力を失う。さらに100回分裂すると「老衰期」となり、細胞死を待つだけとなる。分裂の回数は大核のDNA（デオキシリボ核酸）が規定している。老化した（分裂回数の多い）細胞の大核を若い細胞に移植すると、老化した細胞の残り回数しか分裂できない。逆に、老化した細胞に若い細胞の大核を移植すると、若い細胞の残り回数だけ分裂できるようになる。

接合は、異なった遺伝子をもつ相手と行うほうが、より効果的である。たとえば自分が分裂してできた細胞との間で接合しても、遺伝子は小さな変異しか獲得できないため、DNAの修復などは期待できない。

相手がいなければ自家生殖

接合する相手が見つからない場合、ゾウリムシは個体内で小核を「減数分裂」という方法で分裂させる自家生殖を行うことがある。この場合も接合したときと同様に、分裂回数はリセットされるが、接合に比べて、はるかに小さな変異しか獲得できない。

ゾウリムシをモデルに3種類の生殖法を見てきたが、有性生殖は無性生殖に比べて不利な点が多いといわざるをえない。

第一に、有性生殖にはパートナーが必要で、それを探すために時間とエネルギーを費やさねばならない。

第二に、有性生殖には無駄が多い。たとえば魚類が水中で生殖する際には、オス、メスそれぞれが数万から数億個もの精子や卵を放出する。しかし実際に受精するのは5割とも、3割ともいわれ、大部分の精子と卵は無駄になる。体内受精でも、オスは何億という精子を放出するが、受精できるのは1個のみである。数字の上だけから考えれば、徒労というほかない。

このように非常に効率が悪い有性生殖をほとんどの生物が採用しているのは、欠点を補ってあまりあるメリットがあるからだろう。

なぜ性は2種類なのか

多細胞生物になると、有性生殖専用の生殖細胞が分化して、そのほかの細胞と区別されるようになる。体細胞はその個体が死ぬと消滅するが、生殖細胞は、別の生殖細胞と受精して新たな個体をつくり、生きつづける。生命の連続性は生殖細胞により維持されている。

原始的な生殖細胞には、大きいもの、中くらいのもの、小さいものなど、さまざまなサイズがあったと推測されている。生殖細胞の原材料となるものは同じなので、大きい生殖細胞は少ししかつくられず、小さい生殖細胞はたくさんつくられる。

生殖細胞が水中に放出された場合、数が多いほど生殖細胞どうしが出会える確率は高い。この点では小さい生殖細胞が有利だが、反面、小さいと栄養分を十分に蓄えることができないため、小さい生殖細胞どうしが受精しても、胚が育つための栄養分が足りず、新しい個体に成長することは難しい。

栄養という面で考えれば生殖細胞は大きいに越したことはないのだが、大きければ数が少なくなり、運動性も乏しくなる。

こうした選択を経て最終的に生き残ったのが、栄養分に富んだ大きい生殖細胞と、運動性に優れていて数も多い小さい生殖細胞の２種類だった。ほかのサイズのものは淘汰され、生物の生殖細胞は大小２つだけが存在することになったのである。

小さい生殖細胞が精子であり、精子をもつ個体はオスとなった。これに対して大きな生殖細胞は卵（または卵子）であり、卵をもつ個体はメスとなった。

▶▶▶ 細胞分裂のしくみ

ここで簡単に、遺伝子についておさらいをしておこう。遺伝とは細胞から細胞へ、あるいは親から子へと形質（特徴）を伝えることで、遺伝子はその形質を決定する“設計図”のようなものである。遺伝子をつくるDNAは、遺伝子情報を保管し、次世代に伝達するはたらきをしている。

DNAがコンパクトにたたまれて、糸状になったものが「染色体」である。細胞が分裂する前には必ずDNAの複製が行わ

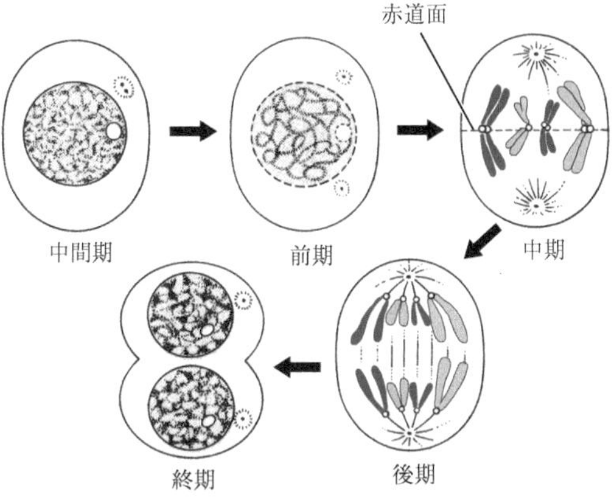

図5-4　体細胞分裂の過程

れて、染色体の量は倍になる。

体細胞と生殖細胞はそれぞれ次のように細胞分裂をする。

①体細胞の分裂

体細胞の分裂はごく単純である（図5-4)。まず、DNAが複製され、染色体は２本ずつのペアになる（前期)。次いで、染色体は赤道面に並び（中期)、１本ずつに分かれ、両極に移動する（後期)。最後に細胞体がくびれて、まったく同じ染色体をもった２つの細胞ができる（終期)。

②生殖細胞の分裂

生殖細胞（精子と卵）は減数分裂という特殊な分裂を経て形成される（図5-5)。減数分裂では２回の分裂が続けて起こり、最終的に４個の生殖細胞ができる。

減数分裂において第１分裂とは、DNAが複製され、「相同染色体」が分配されるまでの過程である。そのあとの第２分裂で、染色体は分裂した細胞に１本ずつ配分される。

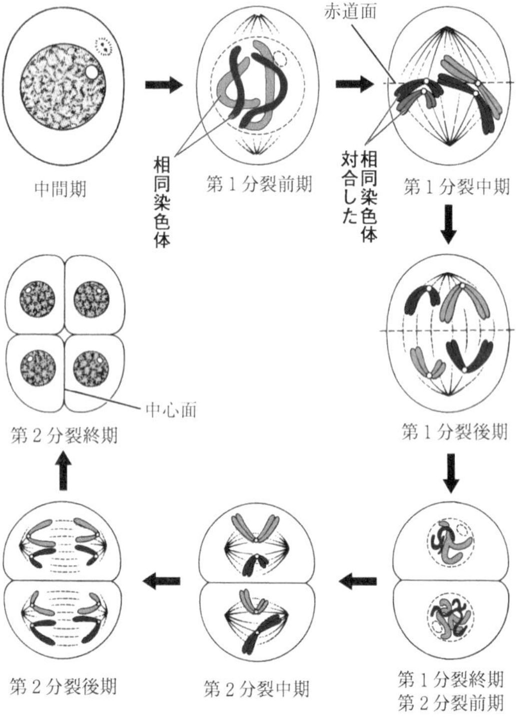

図5-5　減数分裂の過程

第1分裂

前期：1つの細胞には大きさや形が同じ染色体が2本ずつ入っている。これを「相同染色体」という。生殖細胞のDNAが複製されると、相同染色体はペアになったまま接着する。これを「対合」という

中期：対合した相同染色体は、4本で1束となって赤道面に並ぶ

後期：相同染色体のペアは分かれて、両極に向かう

終期：細胞が赤道面から2つに分かれ、染色体は2本ずつが別の細胞に入る

第2分裂

前期：第1分裂終期に相当

中期：染色体がペアになって、赤道面に並ぶ

後期：染色体は1本ずつに分かれて、両極に向かう

終期：細胞が中心面から分かれ、染色体の数も量も半分になった4個の細胞ができる

減数分裂の２つの目的

相同染色体は、一方は父親から、もう一方は母親からきた染色体である。その「対合」は、減数分裂にのみ見られる現象である。

相同染色体が対合するときには、染色体の断片ごとDNAが入れ替わる「つなぎ換え」が起こることがある。これを「DNAの組み換え」という。このとき、DNAの混合が起こり、新たなDNAの組み合わせが生ずることになる。

紫外線、放射線、薬物などによりDNAはたえず損傷の危険にさらされている。しかしDNAの組み換えが起これば、傷ついたDNAが部分的に取り替えられ、修復される可能性がある。たとえば父方のDNAが損傷していても、母方のDNAが健在であれば、これを基準にしてDNAをつくることができ、父方のDNAを修復できる。もしどちらのDNAも同じ箇所が損傷していれば修復はできないが、その可能性は確率的には非常に小さいと考えられる。

DNAの組み換えは、理論上はどのDNAの間でも可能だが、はたらきの違う遺伝子の間で起こっても修復効果は望めず、実際には相同染色体どうしでの組み換えだけが意味をもつ。すべての相同染色体が同時に対合する減数分裂は、DNAの組み換えにはまさに千載一遇の機会なのである。

DNAの組み換えのもう一つの意味は、遺伝子的な多様性が増大するため、親とまったく同じ遺伝子ではなく、新たな遺伝形質をもった子孫が生まれることにある。その結果、子孫のなかには、環境の変化により適応したものが含まれているかもしれない。このごくささやかな変化に、進化の真髄がある。

2 性別のはじまり

動物にとって、オスとメスによる有性生殖という生殖方法は必然の選択といえることがわかった。では、「雌雄」という性別はどのようにしてできたのだろうか。その道筋を、ヒトの発生を見ながらたどってみたい。

▶▶▶ 性別を決めるもの

ヒトの発生の初期には、生殖器系に男女の別はない。違いが生じるのは、性ホルモンの作用を受ける発生7週以降である。

精子や卵のもとになる細胞を「原始生殖細胞」という。性別とは、具体的には原始生殖細胞に「SRY遺伝子」があるかないかによって決まるものである。「SRY」とは「Y染色体の性決定領域」(sex-determining region on Y) を意味していて、「精巣決定因子」というタンパク質の設計図になっている。

原始生殖細胞は発生初期に「卵黄嚢《らんおうのう》」に形成される。卵黄嚢は卵生の動物の卵が胚の栄養となる卵黄を入れている袋であり、胎生の動物にもその名残がわずかに残っている（図5-39参照)。そのあと原始生殖細胞は、胚の中で移動を始め、発生6週に生殖堤に到達する（図5-6)。生殖堤とは、第4章で説明した尿生殖堤（泌尿器系と生殖器系を形成）から分かれたものである。発生6週のこの段階までは、まだ男女の構造に違いはない。ここまでの時期を「未分化期」という。

▶▶▶ 精巣と卵巣の発生

発生7週になると、男女に違いが現れる（図5-7)。

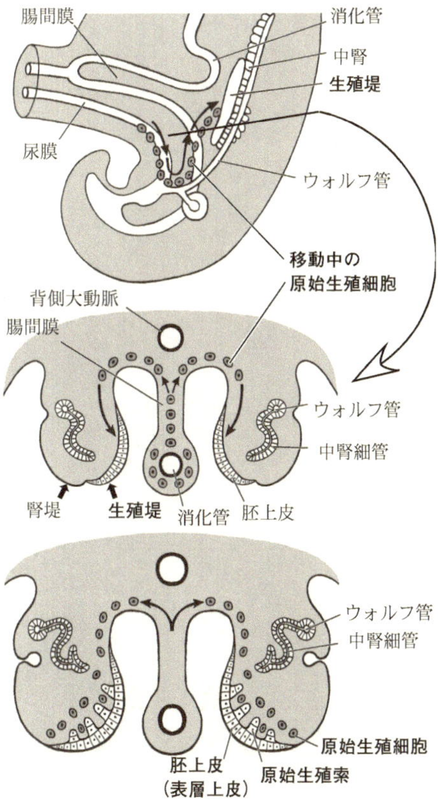

図5-6　**ヒトの原始生殖細胞の移動**（Mooreを改変）
上：発生5週（左側面）
中：発生5週（横断面）
下：発生6週（横断面）
上と中：精子や卵のもとになる原始生殖細胞が、生殖堤に向かって移動を開始する。尿膜壁や消化管壁に沿って進んでいき、発生6週に生殖堤まで到達する
下：その頃、生殖堤では胚上皮の発生が進んで表層上皮となり、多数の原始生殖索が形成される。移動してきた原始生殖細胞は、原始生殖索の間に入り込む

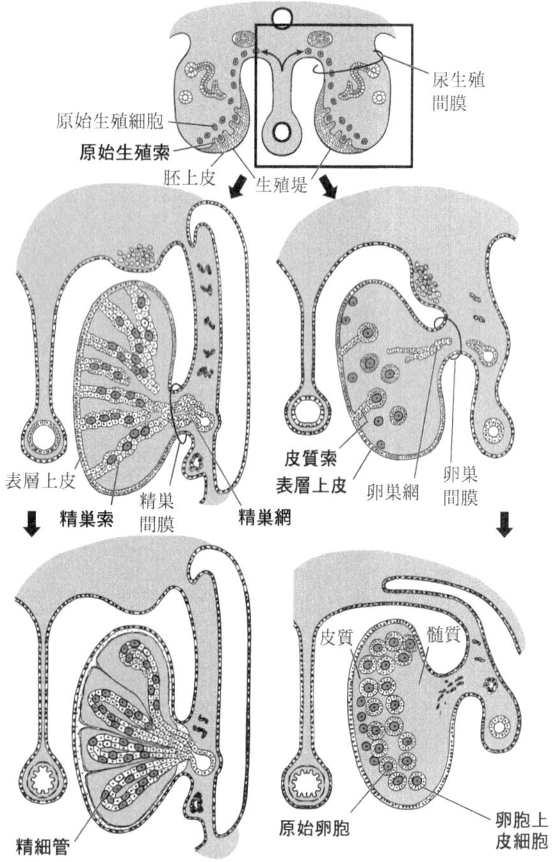

図5-7 **精巣と卵巣の発生**（Hamilton等を改変）
上：発生6週　中：発生7週　下：発生16週

精巣の発生：左列

中：原始生殖細胞が入り込んだ原始生殖索は成長を続け、長い精巣索を多数形成し、精巣間膜で互いにからみあって精巣網をつくる
下：精巣索を構成する細胞が精細管をつくる。精細管の管壁からは、精子を産生する造精子細胞と、これに栄養を与えるセルトリ細胞が分化してくる

卵巣の発生：右列

中：原始生殖細胞はおもに表層に分布する。表層上皮が増殖を続け、皮質索をつくる
下：皮質索の細胞が原始生殖細胞を取り巻き、卵胞上皮細胞となる。原始生殖細胞は原始卵胞となる

原始生殖細胞がSRY遺伝子をもっていると、図5-7の左側のような経過をたどって「精巣」ができあがる。

原始生殖細胞がSRY遺伝子をもたないと、図5-7の右側のような経過をたどって「卵巣」ができあがる。こうして男女には区別が生まれる。

なお、精巣や卵巣は、生殖細胞（精子や卵）をつくるので「生殖巣」とも呼ばれるが、脊椎動物では性ホルモンを産生・分泌する内分泌腺としてのはたらきもあるので「生殖腺」と呼ばれることが多い。

また、有性生殖における生殖細胞は「配偶子」または「性細胞」と総称され、雌雄の間で形態学的にはっきりした違いがあるときに、オスの配偶子を精子、メスの配偶子を卵と呼ぶ。

哺乳類の精巣下降

哺乳類の精巣には、大きな特徴がある。多くの動物で精巣が体腔から出て、陰嚢の中に入ったのである。精巣はもともと腎臓の近くにあったが、ヒトの発生を見ると発生3ヵ月頃より尾方に移動しはじめ、胎生後期に陰嚢の中に入る。これを「精巣下降」という。

精巣下降のおもな要因は、温度であろうと思われる。陰嚢内の温度は、体腔内に比べると3～8度も低い。陰嚢内に精巣をもつ動物では、精巣を体腔内に戻すと、精子が十分に形成されなくなってしまう。

ただし例外として、単孔類、原始的な食虫類、ゾウ、クジラ、アルマジロなどは精巣が体腔内にある。また、リス、コウモリ、一部のサルでは繁殖期のみ精巣が陰嚢に入り、平常時は体腔内にある。

外生殖器の発生で見る男女の違い

生殖器系のうち、外部から見える部分を「外生殖器」という。発生を見ると外生殖器は、尿生殖溝の周囲にできる「尿道ヒダ」、その腹方にできる「生殖結節」、左右にできる「生殖隆起」が中心となって形成される。

発生6週の未分化期までは、男女とも同じような形をしていて、外生殖器からは男女の区別はできない。発生6週になると、男女の違いが認められるようになる（図5-8）。もとは同じ形態をしていたので、外生殖器では男女の対応関係がはっきりしている。

男女の生殖器の質的な違い

子孫を残すためには配偶子を体外に出し、受精させなければならない。配偶子を体外に出す管を「生殖管」という。

第4章で述べたように、脊椎動物には精子、卵、尿を体外に出す管としてウォルフ管とミュラー管の2本がつくられた。やがてミュラー管は卵専用の輸送管となり、ウォルフ管はさまざまな曲折を経たのち、多くの動物で精子専用の輸送管となった。

男女の違いは動物のさまざまな器官に見られるが、多くの場合、それは「量的」な違いである。しかし、生殖器系では男性はウォルフ管を、女性はミュラー管を使い、使わないほうの管は退化してしまう。男性と女性が別個の管を使う結果として、「質的」な違いが生じたのである。

男女の生殖器の質的な違いを、ヒトの生殖管を例にとり、図5-9に示した。

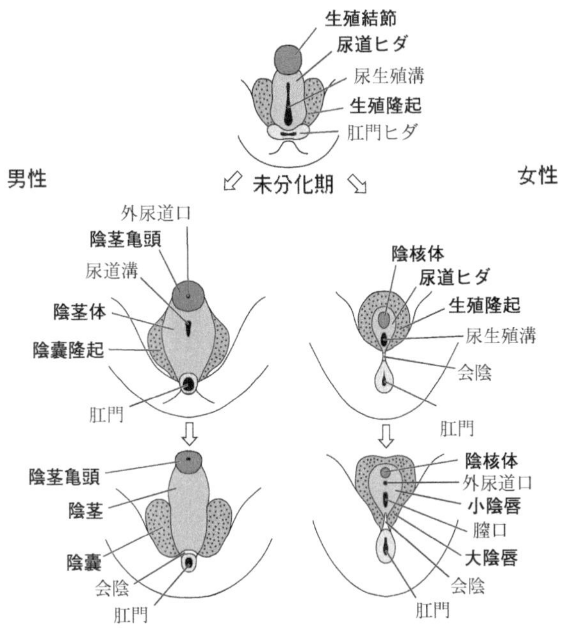

図5-8　**ヒトの外生殖器の発生**（DeCourseyを改変）

未分化期

発生４週になると、尿生殖溝の周囲に尿道ヒダができてくる。その腹方に生殖結節が、左右に生殖隆起ができる。外生殖器はこれらが中心となって形成される

男性の外生殖器

尿道ヒダが円筒状になって生殖結節を先頭にして突出し、陰茎体と陰茎亀頭を形成する。これに伴い、尿生殖溝も陰茎体の腹側面に沿って長く伸びる。やがて左右の尿道ヒダは中に尿道を残して正中面で融合する。生殖隆起は大きくなり、左右がつながって陰嚢隆起となり、陰嚢を形成する

女性の外生殖器

尿道ヒダから陰核体ができる。陰核体は男性の陰茎体に相当する。生殖結節からは男性の陰茎亀頭に相当する陰核亀頭ができる。いずれも長さは男性の外生殖器よりはるかに短い。女性の尿生殖溝は男性と異なり、外尿道口と膣口に分かれる。その左右の尿道ヒダは隆起して小陰唇となる。生殖隆起は大陰唇を形成する

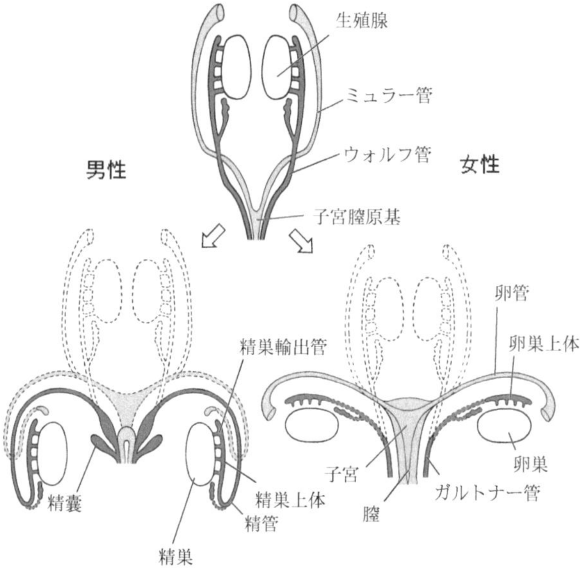

図5-9 **ヒトの内生殖器の発生**（西を改変）
濃いグレー：ウォルフ管に由来するもの
薄いグレー：ミュラー管に由来するもの

男性の内生殖器
ミュラー管はセルトリ細胞から分泌される「ミュラー管抑制因子（MIF）」によって発育を抑制され、一部を残して退化する。ウォルフ管は男性ホルモン「テストステロン」の作用で発育し、精巣上体、精管、精囊、射精管に分化する。ウォルフ管から内方に伸びた精巣輸出管は精巣網と結合し、精子はウォルフ管に運ばれる

女性の内生殖器
ミュラー管はMIFによる抑制を受けることなく発育する。だが、一時的につくられる卵巣網がすぐに退化するため、ミュラー管と卵巣はつながっていない。ここが男性生殖器との大きな違いである。ミュラー管は頭側部が卵管となり、尾側部は左右が合わさって子宮腟管を形成する。これが子宮と腟の頭側部となる。ウォルフ管は一部を除いて次第に退化する

また、動物ごとの生殖管の違いは、尿を輸送する管との関係に注目して第4章ですでに述べたが、あらためてオスを図5-10に、メスを図5-11にまとめた（詳細は第4章参照)。概観して

みると、オスでは大部分の動物はウォルフ管で精子を運んでいるが、なかには精子専用の管や尿専用の管をもった動物もいる。

これに対してメスは一部の例外を除いて、卵の輸送管はすべてミュラー管である。

特徴的なのは硬骨魚類で、一部の原始的なものを除き、オスメスともに生殖細胞専用の輸送管が形成される。

オスには精子専用の精子輸送管ができる。ウォルフ管は尿専用の輸送管となる。メスでは卵巣管が形成される（図5-12）。成熟した卵は、卵巣管を通って外に出る。硬骨魚類は卵の数が非常に多いので、卵をスムーズに放出するためにこのような管ができたのだろう。その一方で、ミュラー管のほうは完全に退化してしまう。

また、多くの鳥類では、卵巣と卵管は左側のみが残り、右側は発生の途上で退化している。その理由ははっきりしないのだが、体重を軽くするため、あるいは、鳥類の卵は大きいので、左右同時に卵が発育すると動きがとれなくなるため、などが考えられる。

爬虫類、鳥類、哺乳類では、オスメスともに、尿を専用に運ぶ尿管が形成された。オスでは、ウォルフ管は精子専用の精管となり、ミュラー管は退化した。メスでは、ミュラー管は卵専用の管となり、卵管、子宮、膣の上部を形成し、ウォルフ管は退化した。

こうして、オスとメスが異なった生殖管を使うようになったことから、生殖器におけるオスとメスの質的な違いがはっきりしてきたのである。

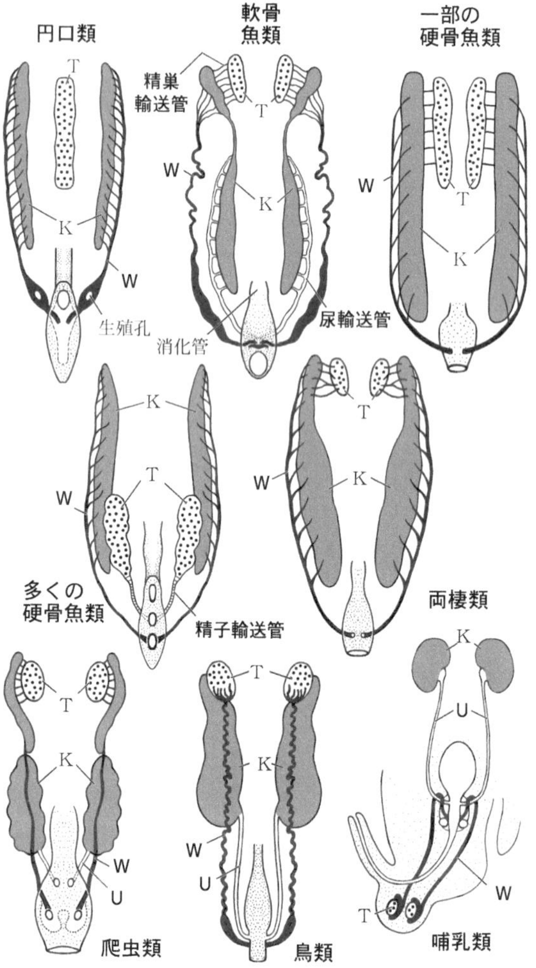

図5-10　**脊椎動物のオスの内生殖器**（Sadleirを改変）
ウォルフ管（W）は黒、尿管（U）や尿輸送管は白、腎臓（K）はグレー、精巣（T）は大きい黒点で示した
爬虫類、鳥類、哺乳類では、尿輸送専用の尿管が形成される

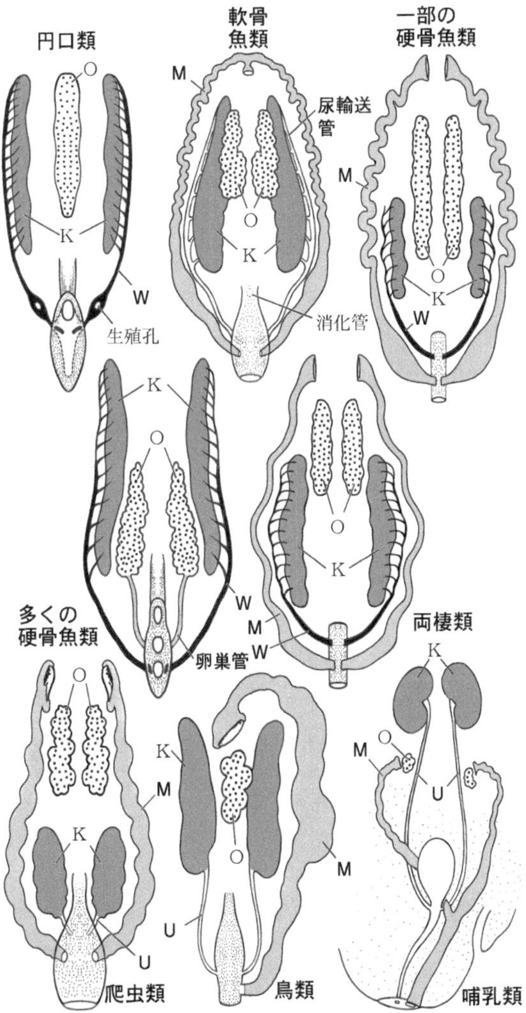

図5-11　**脊椎動物のメスの内生殖器**（Sadleirを改変）
ミュラー管（M）は薄いグレー、ウォルフ管（W）は黒、卵巣（O）は大きい黒点、腎臓（K）は濃いグレー、尿管（U）や尿輸送管は白で示した

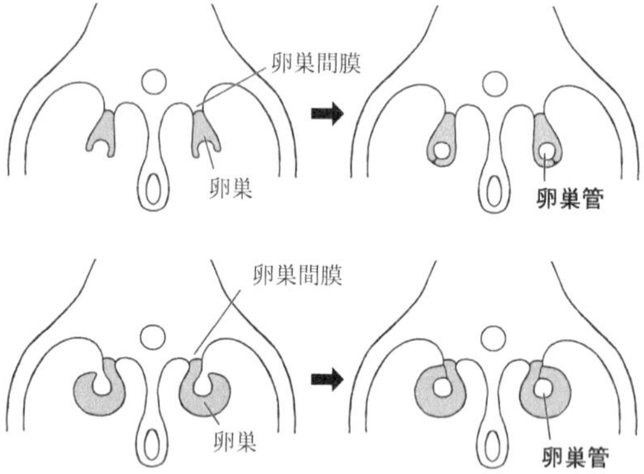

図5-12 **硬骨魚類の卵巣管形成**（Weichertを改変）
上：卵巣に溝ができることによる卵巣管形成
下：卵巣が彎曲することによる卵巣管形成

排出口の進化

内臓を構成する5つの器官系のうち、消化器系、泌尿器、生殖器系は動物体の尾側部に排出口がある。その形態は動物によって変異に富んでいる。

排出口は「原形型」「魚類型」「哺乳類型」の3型に分けることができる（図5-13）。

原形型

発生学的に見ると、消化管の開口部である肛門がもっとも早い時期に形成される。その後、尿を運ぶ管や生殖細胞を運ぶ管が肛門の近くに開口する。この結果、消化器系、泌尿器系、生殖器系が1つにまとまった開口部を形成するようになる。これを「総排出腔」（排泄腔）といい、その外への出口を「総排出口」という。総排出腔はすべての脊椎動物で発生の一時期に形成され、成体になってからも多くの脊椎動物で見られる。この

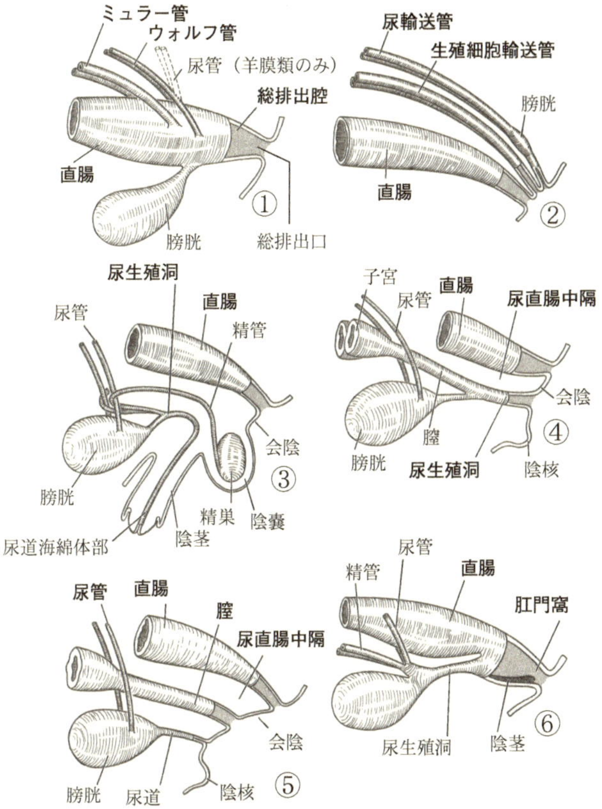

図5-13　**さまざまな動物の排出口**（Hildebrandを改変）
①原形型：ヌタウナギ、軟骨魚類、肺魚類、両棲類、爬虫類、鳥類
②魚類型：ヤツメウナギ、キメラ、多くの硬骨魚類
③多くの哺乳類のオス
④多くの哺乳類のメス
⑤霊長類や一部の齧歯類のメス
⑥カモノハシなどの単孔類のオス

ことから総排出腔は、脊椎動物の排出口の原形であると考えられる（図5-13①）。ヌタウナギ、軟骨魚類、肺魚類、両棲類、

爬虫類、鳥類では、発生の間にできた総排出口が成体になってもそのままの形で残る。

魚類型

円口類のヤツメウナギ、キメラおよび多くの硬骨魚類では、肛門、尿、生殖細胞の輸送管はすべて開口部が別個になっている（図5-13②）。それぞれの位置関係は決まっていて、尿輸送管と生殖細胞輸送管の開口部は、肛門より尾方（背方）にある。ただし、ヤツメウナギでは生殖細胞の輸送管は退化した。また、動物によっては、尿輸送管と生殖細胞輸送管の開口部が一緒になっていることがある。

哺乳類型

哺乳類の開口部は、消化管の開口部である直腸（糞道、肛門《こうもん》窩《か》）と、尿輸送管と生殖細胞輸送管の開口部が一緒になった「尿生殖洞」（尿道）の２つに分かれている（図5-13③④）。両者は体表まで達する「尿直腸中隔」によって分けられている。位置関係は魚類型とは逆で、直腸が背方に、尿生殖洞が腹方にある。霊長類のメスでは尿管と生殖細胞輸送管の開口部も別個になっている（図5-13⑤）。

また、カモノハシなどは、直腸と尿生殖洞の分離が不完全で、「肛門窩」と呼ばれる単一の出口になっている（図5-13⑥）。これらの動物が単孔類と呼ばれるのはそのためである。

3 生殖様式と交尾器の進化

生殖に大きな影響を与えるのは、棲息環境である。たとえば水棲か陸棲かによって、生殖様式や生殖器の形は大きく変わってくる。一見突飛に思われる生殖様式も、それぞれの動物が自分のおかれた境遇で、長い時間をかけて編み出したものなのである。進化の過程で現れた、多彩な生殖様式と生殖器を見ていこう。

▸▶▶ 体外受精と体内受精

動物の生殖様式は、体外受精と体内受精に分けられる。

水棲動物には体外受精を行うものが多く、メスが放卵し、オスがそれに放精する。しかし、体外受精は受精する確率が低いうえに、卵をほかの動物に食われてしまうこともある。

その不利益を改善するために進化したのが、体内受精である。原始的な段階では、体内受精はオスとメスが双方の総排出口を接着させることにより行われていた。進化した段階になると、オスは精子をメスの体内に送るための交尾器を発達させた。やがて動物が陸上に進出すると、体内受精には乾燥を避けるという目的も加わった。

交尾器は体のどこからできたかを基準にして、「一次交尾器」と「二次交尾器」に区分される。

一次交尾器は総排出腔から発生したもので、爬虫類になって発達した。その代表が、オスの陰茎である。一次交尾器の場合、メスにもオスの交尾器に相当するものが存在している。哺乳類のメスにある陰核が、これにあたる。

これに対して二次交尾器は、もともとは生殖とは関係のない器官が変化したもので、軟骨魚類や硬骨魚類などに見られる。メスには、オスの二次交尾器に対応する器官は存在しない。

▸▶▶ さまざまな体外受精

まず、体外受精をする動物のさまざまな生殖様式を、進化の流れとともに見ていこう。

①円口類の体外受精

ヤツメウナギの生涯はサケに似ている。川の上流で孵化し、しばらくすると海に下り、数年を過ごしたのちに生まれた川に還ってくる。“故郷”の上流に到達すると、メスが放出した卵にオスが放精し、体外受精をする。産卵数は約1800個といわれる。一度の生殖行動をしたあと、オスもメスも生涯を終える。

生まれ育った川に還ってくる理由ははっきりしないが、産卵する数が少ない、卵が海水に耐えられない、川の上流は敵が少ない、などが考えられる。

②硬骨魚類の体外受精

硬骨魚類の多くも、体外受精をする。しかし、なかにはその範疇に入らない変わった生殖様式を採るものがいるので、変則的にはなるが、２例紹介したい。

タツノオトシゴの生殖様式はまるで、雌雄が逆転したかのようである。繁殖期になるとメスは尾をオスに巻きつけ、寄り添うような姿勢をとる（図5-14左）。そして「産卵器」という突起を、オスの腹部にある「卵嚢」の中に入れて、数百もの卵を産みつける。その間に、オスは卵嚢に精液を注ぎ込む。

受精の場である卵嚢は“育児”の場でもあり、受精卵が発育すると大きく膨らんで、オスはまさに“妊婦”のような体形になる。６〜８週間で受精卵は孵化し、オスは孵化した稚魚を大変な労力を使って卵嚢の入り口から“分娩”する（図5-14右）。

深海に棲むチョウチンアンコウ類は、長い間、メスだけが発見され、オスの発見例がなかった。だがメスが棲息する海域には、体長がチョウチンアンコウのメスの20分の１ほどしかなく、歯が異常に大きい魚が棲息していることが知られていた。

図5-14　タツノオトシゴの交尾（左）と出産（Wendtを改変）
グレーの個体がオス

この魚はオニアンコウ類に分類された。ところが、この魚のメスは見つからなかった。

のちに、この魚がチョウチンアンコウのメスの体に何匹か接着しているのが見つかり、精査の結果、この魚はチョウチンアンコウのオスであることが明らかになった。このようにチョウチンアンコウは、雌雄で体の大きさも形も非常に違っている。メスが体長1m近くありながら、オスは10cmほどしかなかったという報告もある。

チョウチンアンコウのオスは、メスの頭部、腹部、生殖腔の近くなど、さまざまなところに鋭い歯で噛みつき、そのまま離れない（図5-15）。やがてオスの体は次第にメスに癒着し、血管系も結合して、栄養分をメスから受け取るようになる。オス

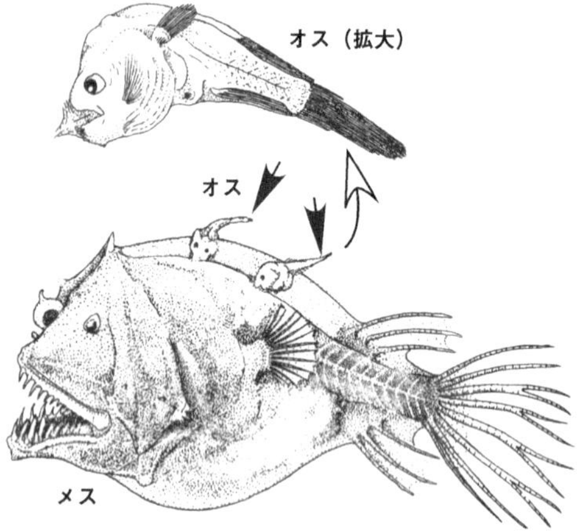

図5-15　**チョウチンアンコウ類**（Marshallを改変）
チョウチンアンコウのオスとメス

の内臓は生殖器系を残して次第に退化し、精子産生用の寄生体になってしまうのである。血管系がつながったことでオスとメスの発情期は同じホルモンにコントロールされ、同期する。寄生体となったオスは一度生殖をすると役割を終え、メスの体に吸収されていき、ついには消滅してしまう。

チョウチンアンコウ類に限らず、深海魚では雌雄の形態が著しく異なっている例が数多く知られている。概してオスのほうが数は多いが、体が著しく小さい。数が多いのは、太陽光の届かない暗黒の世界で、オスとメスが出会う機会を増やすためと推測される。オスの体が小さいのは、食糧事情がきわめて厳しい環境下での一種の“口減らし”なのだろう。

③両棲類の体外受精

両棲類の生殖様式は非常に変異に富んでいる。多くの両棲類は、生殖に際して水を必要とする。

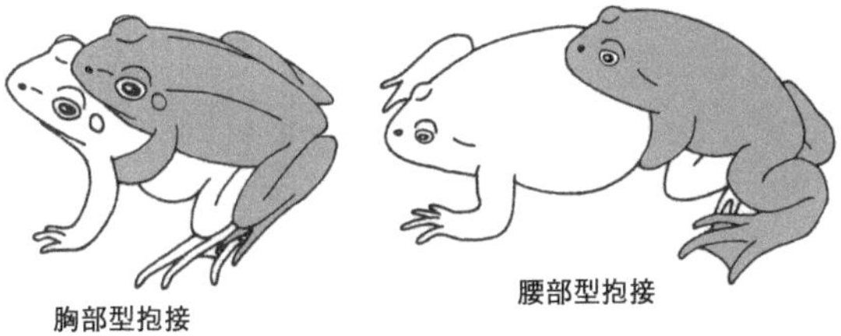

図5-16　カエルの抱接（倉本を改変）
グレーの個体がオス

カエルなどの無尾類の多くは、オスがメスを背後から「抱接」し、メスの産卵に合わせて放精する方法で体外受精をする。包接の姿勢は「胸部型抱接」が一般的だが、原始的なカエルは「腰部型抱接」をする（図5-16）。この生殖様式は、多くの硬骨魚類の体外受精と実質的には同じである。繁殖に際し、オスはメスを引きつけるために、にぎやかな鳴き声を発する。

有尾類のうちサンショウウオ類とオオサンショウウオ類は、メスが産卵し、オスが卵塊に精子を振りかけるという魚類と同じ様式の体外受精をする。

➤➤➤ さまざまな体内受精 ❶二次交尾器

体外受精には、前述したように受精確率の低さと、外敵による脅威という難点があった。その克服のために、本来は生殖に関係がない鰭《ひれ》などを二次交尾器に変えて体内受精をする魚類が現れた。

①硬骨魚類の二次交尾器

少数の硬骨魚類に、体内受精をするものが見られる。それらは腹鰭《はらびれ》または臀鰭《しりびれ》が変化して「生殖脚《せいしょくきゃく》」（性脚）と呼ばれる交尾器となっている（図5-17）。生殖脚は筋の作用で勃起して、精子をメスの生殖腔に送る役割をする溝をもっている。

②軟骨魚類の二次交尾器

現生の軟骨魚類は、すべて体内受精をする。オスには「抱接

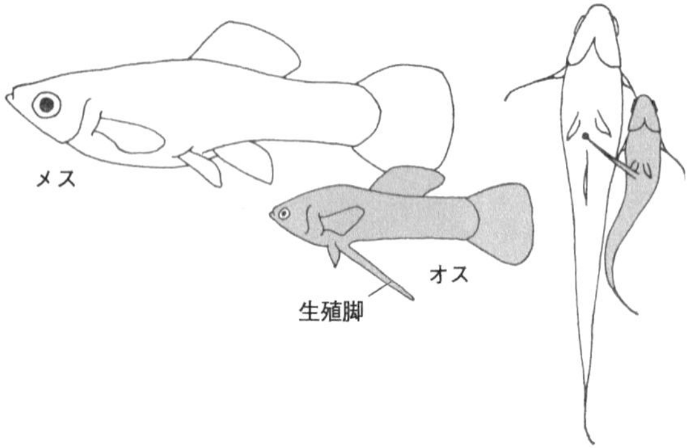

図5-17　カダヤシの生殖（RosenとGordonを改変）
グレーの個体がオス。オスは臀鰭が変化した生殖脚をもつ（左）。生殖の際は生殖脚をメスの生殖腔に挿入して精子の授受を行う（右）

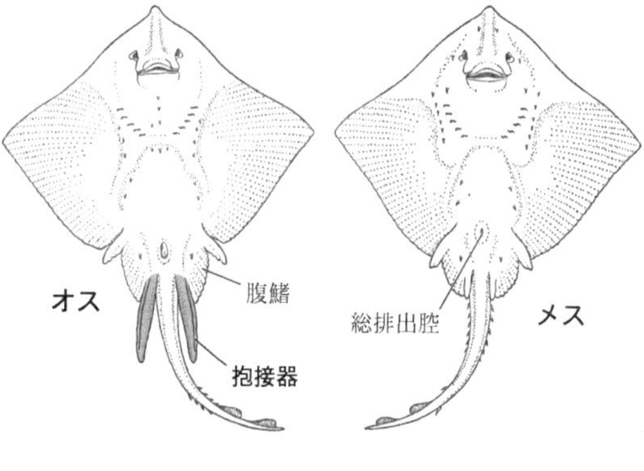

図5-18　エイの抱接器（Normanを改変）
ガンギエイの腹側面

図5-19　軟骨魚類の交尾（BertinとDempsterを改変）
グレーの個体がオス　①エイ　②ギンザメ　③ネコザメ

器」と呼ばれる左右１対の交尾器がある（図5-18）。抱接器は腹鰭の一部が変化したもので、腹鰭の内方にある円筒状の突出物である。内部にある軟骨性の骨格に支えられているため、非常に硬い。交尾時にオスはこれをメスの総排出腔に挿入して、精子をメスの体内に送り込む。

交尾の際の体位は魚類によってさまざまである。エイ類はオスとメスが互いに腹部を接し合い、胸鰭《むなびれ》の周辺部を腹方に巻き込み、尾部を交叉させながら交尾する（図5-19）。ギンザメはオスがメスの体に巻きつくような姿勢で交尾する。ネコザメは互いに相手を傷つけるほど激しく行動したあと、オスがメスを胸鰭で抱擁し、口でメスの体にかみつくようにしてメスを押さえこんで交尾をする。

▸▸▶ さまざまな体内受精 ❷精包

有尾類のイモリなど、両棲類を中心に行われる体内受精が

図5-20　有尾類のいろいろな精包
①*Notophthalmus viridescens*（Bishopを改変）
②*Taricha torosa*（Zellerを改変）
③*Eurycea bislineata*（Bishopを改変）

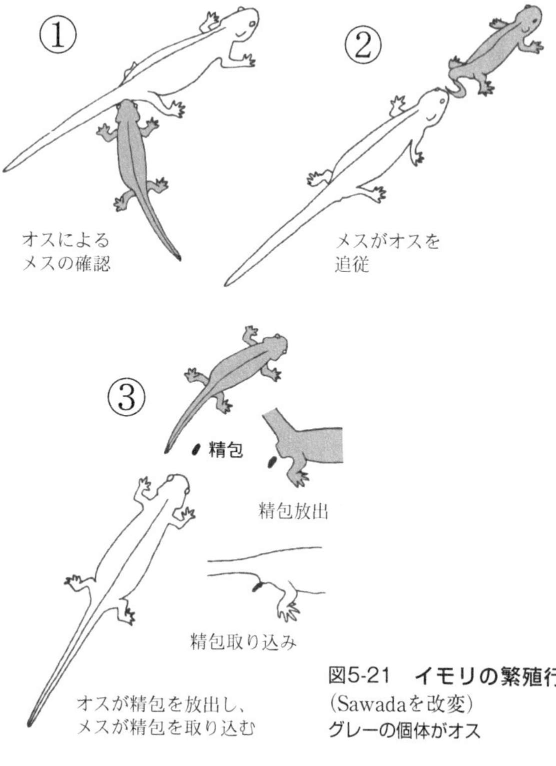

図5-21　イモリの繁殖行動
（Sawadaを改変）
グレーの個体がオス

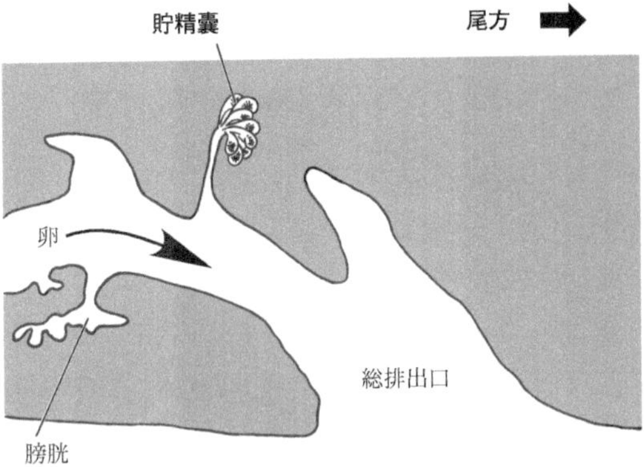

図5-22　**サンショウウオの貯精嚢**（Nobleを改変）
取り込んだ精包の精子は貯精嚢に蓄えられ、排卵された卵は総排出口を通って外に出る際に、蓄えられた精子と出会い受精する

「精包《せいほう》」の授受である。精包は「台」と「精子カプセル」より構成されている（図5-20）。台は総排出口を鋳型としてつくられるゼラチン様物質で、水底の岩や石に付着させる。精子カプセルとは、精子が薄い膜様の物質で包まれたものである。

アカハライモリはオスが嗅覚によってメスの所在を確認する。確認がすんだオスはメスの前を歩いて、精包を放出する（図5-21）。メスは精包の精子カプセルのみを総排出口に取り込む。メスの体内で精子カプセルは分解され、精子は「貯精嚢《ちょせいのう》」に蓄えられる（図5-22）。そして排卵のとき、貯精嚢が収縮し、精子が総排出口に出て卵と出会い、受精する。

陸棲のイモリは、オスが自分の総排出口をメスの総排出口に密着させて精包を授受する。陸では精包は体外に出ると乾燥してしまうので、双方の総排出口を密着させるのである。この方式は、のちに一部の爬虫類や多くの鳥類に受け継がれていく。

魚類の一部も行っている体内受精が陸棲動物で大きく発展したのも、乾燥を克服するためだった。

▸▶▶ さまざまな体内受精 ❸総排出口の密着

総排出口の密着は、両棲類で行われていた精包の授受が発達したものと考えられる様式である。

①一部の爬虫類の体内受精

爬虫類のムカシトカゲは交尾器をもたず、オスとメスが互いに総排出口を密着させて、精子の授受をする。この形態を受け継いだのが、多くの鳥類である。

②鳥類の体内受精

ごく一部を除き、鳥類には陰茎などの交尾器がない。オスとメスは、ムカシトカゲと同じように互いの総排出口を密着させて、精子の受け渡しをする。

③無足類の生殖突起

イモリなどが行う精包の授受をより確実にしているのが、両棲類の一種の「無足類」で行われている様式である。無足類とはミミズに似た体形の動物で、多くは熱帯地方の密林で土中に

図5-23 アシナシイモリ
左：卵塊を保護するセイロンヌメアシナシイモリのメス（Taylorを改変）
右：ヒラオミズアシナシイモリ（Gadowを改変）

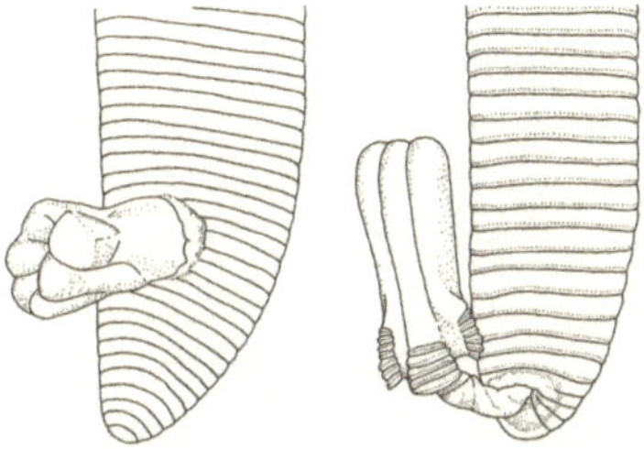

図5-24　**アシナシイモリの生殖突起**（Taylorを改変）
生殖行為の際に総排出口から突出する

棲み、地中生活に適応して四肢を失っている（図5-23）。

無足類には尾がないため、総排出口は体の後端近くに開いている。生殖に際して、オスの総排出腔壁の一部は反転するように総排出口から突出する。これを「生殖突起」という。無足類は生殖突起をメスの総排出口に挿入することで、精子の授受を確実にしている（図5-24）。無足類の生殖突起は、次に述べるヘビやトカゲのヘミペニス（図5-25）に引き継がれる。

図5-25　**シマヘビのヘミペニス（半陰茎）**
シマヘビ胚（体長9cm）のヘミペニス

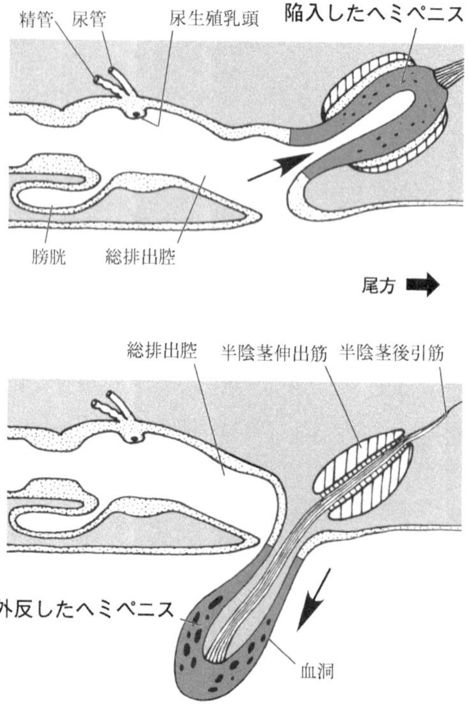

図5-26 **ヘビの半陰茎の構造**（BellairsとAttridgeを改変）
平時（上）は総排出腔の背側壁にあるくぼみに収納されているが、交尾時（下）に総排出腔が精液で潤うと外反し、血洞に血流が充満して勃起する

④爬虫類のヘミペニス

爬虫類のヘビやトカゲは「ヘミペニス」（半陰茎）と呼ばれる特異な構造の陰茎をもっている。

ヘミペニスには3つの特徴がある。その第1は、総排出腔の背側壁にあることである（図5-26）。カメやワニの陰茎、後述する哺乳類の陰茎は、いずれも総排出腔の腹側壁にできたものであり、背側壁にあるのは半陰茎だけである。

第2の特徴は、反転できる袋のような構造になっていることである。平時のヘミペニスは筋の作用により、靴下を裏返しに脱ぐように総排出腔の背側壁にあるくぼみに収納されている。だが交尾時には、総排出腔壁が精液で潤い、その直後、ヘミペニスは外反して勃起する。精液で潤ったヘミペニスはメスの総排出口に入り、精液がヘミペニスの溝を通ってメスに注入される。

第3の特徴は、左右1対となっていることである。一見奇異に思えるかもしれないが、後述するカメやワニの陰茎を考えると、左右1対あることが陰茎の原始的な姿なのではないかと推測される。すると、ヘミペニスは貴重な歴史の証人ということになる。

だが、無足類の生殖突起に萌芽が見られる、こうした反転するタイプの交尾器は、あまり効率がよくないのかもしれない。ヘミペニスはヘビとトカゲで終わり、それ以上は発展することはなかった。

陰茎のはじまり

両棲類よりも厳しく乾燥に直面することになった爬虫類のオスは、精子をメスの体内に直接入れる必要に迫られた。陰茎は爬虫類になって大きく進化した交尾器である。進化の過程では、いろいろな形の陰茎がつくられたと思われるが、その多くは化石として残ることもなく消えてしまった。いま爬虫類の陰茎で生き残っているのは、ヘビやトカゲのヘミペニスのほかには、カメやワニの陰茎だけである。

カメやワニの陰茎は、総排出腔の左右壁にあるウォルフ管の開口部（図5-13①参照）から尾方にかけて、総排出腔の腹側壁

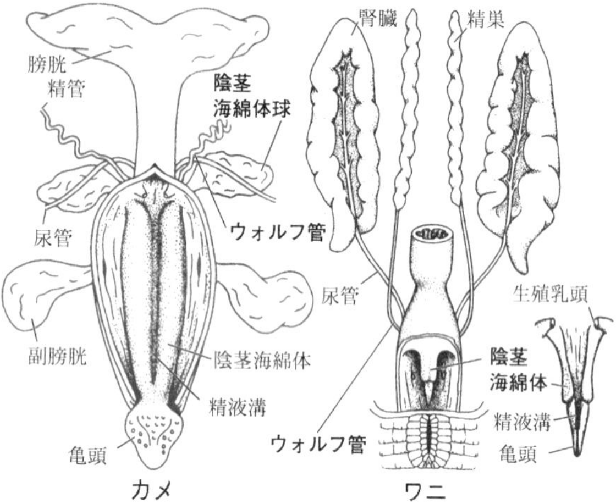

図5-27 **カメとワニの陰茎**

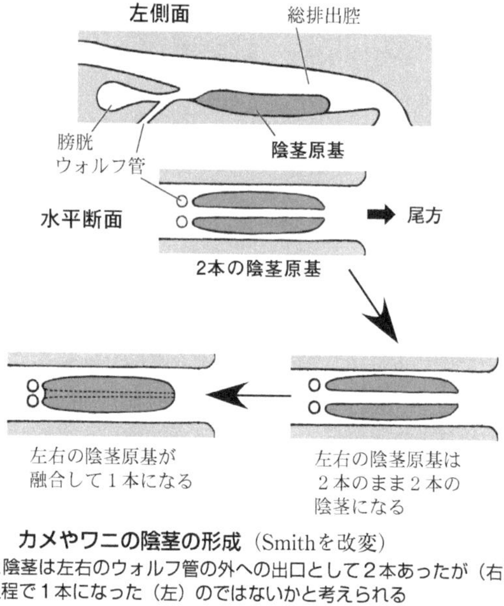

図5-28 **カメやワニの陰茎の形成** (Smithを改変)

もともと陰茎は左右のウォルフ管の外への出口として2本あったが(右)、進化の過程で1本になった(左)のではないかと考えられる

が棒状に肥厚したものである（図5-27）。

陰茎には海綿体が発達し、交尾時に興奮すると海綿体にある多数の血洞（海綿体洞）に血液が充満して勃起する。勃起した陰茎は、その先端が総排出口の外に出て、交尾器としての役割を果たすようになった。精液は陰茎の背側面にある溝に沿って流れ、メスの総生殖腔に注入される。

その発生から見ると、カメやワニでは左右の肥厚部がそのまま陰茎になったものと考えられる（図5-28）。つまり、もともと陰茎は左右１対あったものと推測される。しかし、生殖行為にはどちらか片方しか使われないため、進化の過程で左右が融合して１本になったのであろう。

この原始的な陰茎が、ごく一部の鳥類と、大部分の哺乳類の陰茎に発展していく。鳥類で陰茎をもつものはダチョウやアヒルなどの走禽類の一部で（図5-29）、その構造は、カメやワニの陰茎とよく似ている。

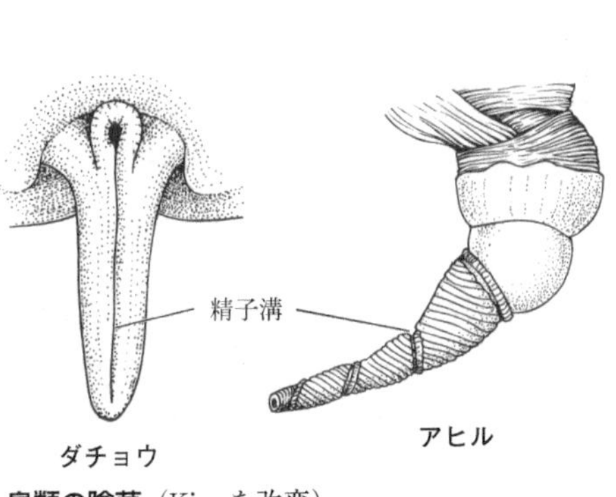

図5-29　**鳥類の陰茎**（Kingを改変）
陰茎をもつ鳥類は走禽類の一部に限られている

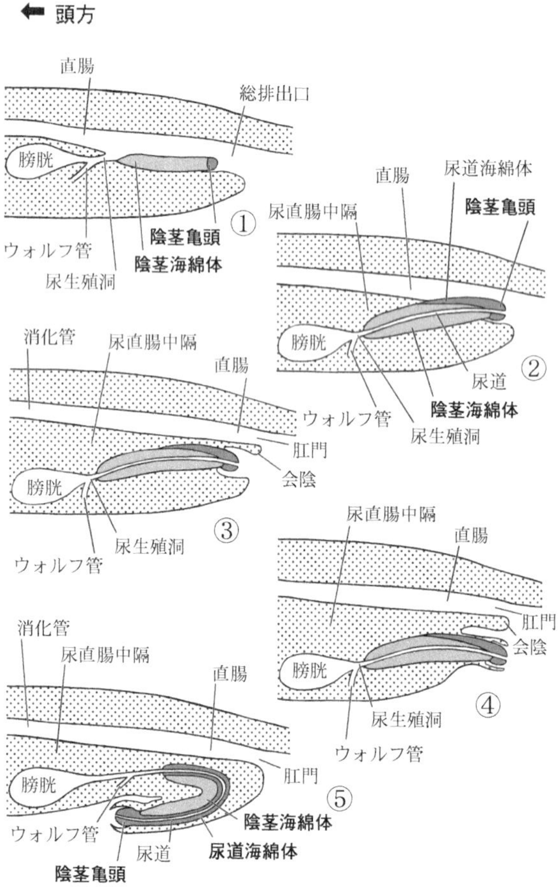

図5-30　**陰茎の進化**（BoasとSmithを改変）
①カメやワニの陰茎は、総排出口の腹側壁にある
②カモノハシなどの単孔類の陰茎は、尿直腸中隔に埋没していて、先端部だけが総排出口に入っている
③カンガルーなどの有袋類の陰茎は、直腸を離れて、別個の突出を形成している
④ネコなどの陰茎は、尾方に向かってさらに突出する
⑤イヌやウシなどの陰茎は次第に反転して、頭方に向かって伸びた

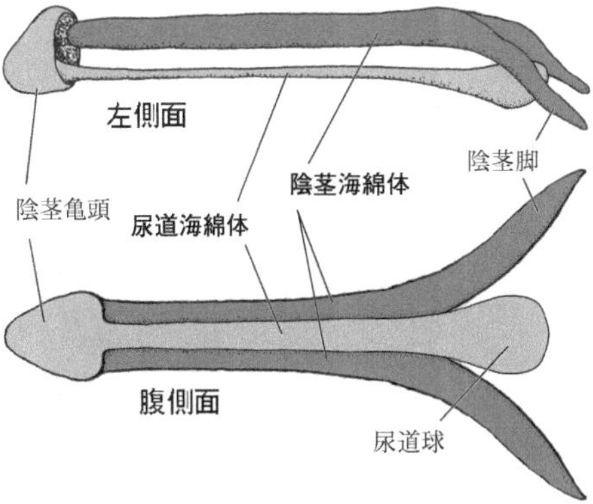

図5-31　**陰茎の海綿体**
陰茎海綿体は左右に１本ずつある

陰茎の進化

陰茎の進化の流れを、図5-30①～⑤に示した。

進化した哺乳類の陰茎には、頭方に向かって伸びるという大きな特徴がある（後述）。その内部には、陰茎海綿体が左右１本ずつ、尿道海綿体が中央に１本含まれている。尿道海綿体には尿道が通り、陰茎の先端で大きくなって陰茎亀頭をつくっている（図5-31）。陰茎海綿体が２本あることは、哺乳類の陰茎がもとは左右１対であったことの名残なのであろう。

哺乳類の陰茎は、海綿体のタイプにより２つに分けられる（図5-32）。一つはウマに代表される「筋海綿体型陰茎」である。イヌやヒトの陰茎もこのタイプで（図5-33）、血洞が大きく、勃起したときに長さと太さが著しく増加する。このタイプの陰茎には「陰茎骨」が含まれていることがある。

もう一つはウシ、ヒツジ、ブタなどがもつ「線維弾性型陰

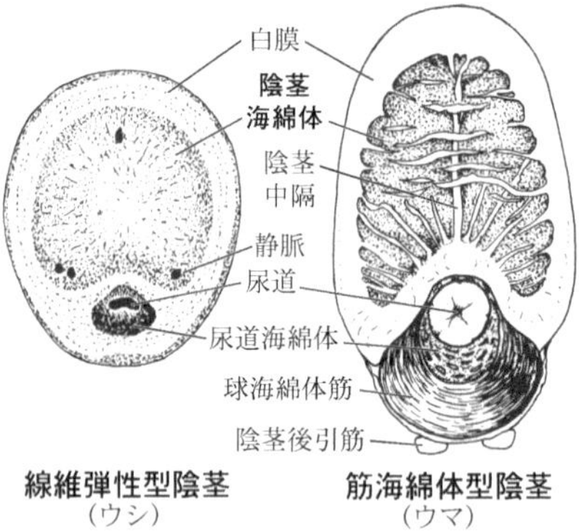

図5-32 **哺乳類の陰茎の２つのタイプ**（Dyceを改変）
陰茎海綿体の中の多数の小さな点が血洞。海綿体という“スポンジ”を構成する孔にあたる

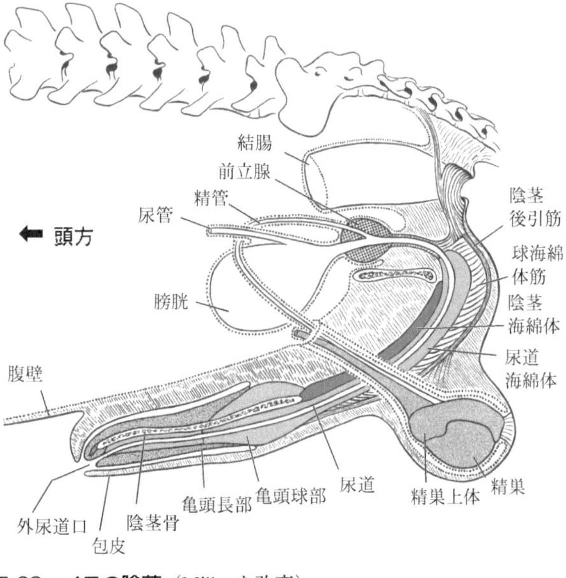

図5-33 **イヌの陰茎**（Millerを改変）
勃起すると長さと太さが著しく増加する筋海綿体型陰茎

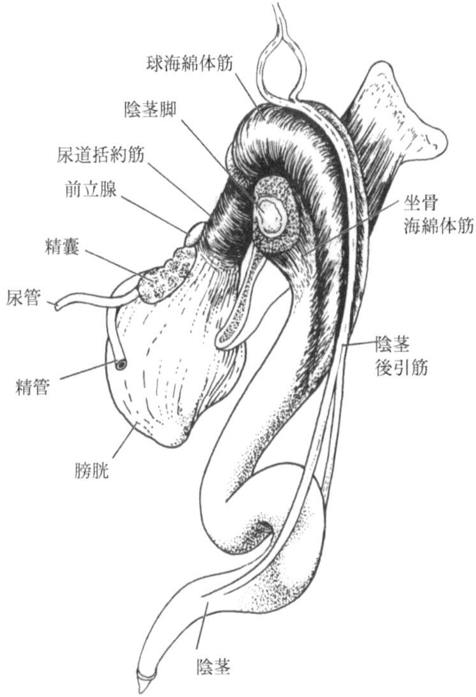

図5-34　ウシの陰茎（Dyceを改変）
平常時はS字形に屈曲している線維弾性型陰茎

茎」である（図5-34）。このタイプの陰茎には膠原《こうげん》線維や弾性線維が多量に含まれ、血洞は小さい。少量の血液で十分に勃起するが、あまり太くはならない。S字形に屈曲していることが多く、交尾時には屈曲が伸びて陰茎は非常に長くなる。

陰茎の位置と方向の変化

陰茎は動物により、位置と伸びる方向が異なる。哺乳類では、陰嚢やその中の精巣の位置と密接な関係がある（図5-35）。

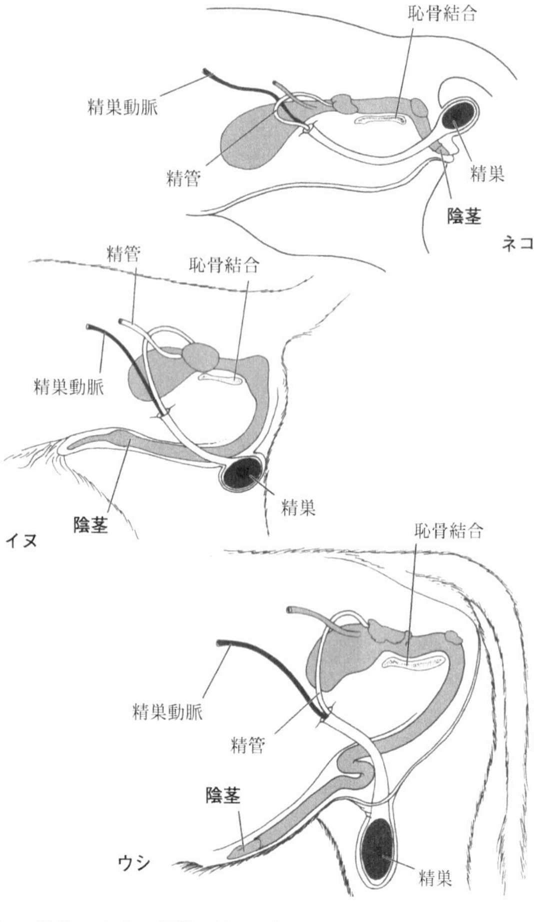

図5-35　**陰茎の方向と精巣の位置**（Dyceを改変）
上：ネコは精巣が尾方の肛門近くにあり、陰茎も尾腹方を向いている
中：イヌは精巣が腹方に移り、陰茎も反転するように腹壁の下部に移って、先端は頭方を向いている
下：ウシなどでは、精巣が下腹壁まで移り、陰茎はさらに頭方に向かって伸びている

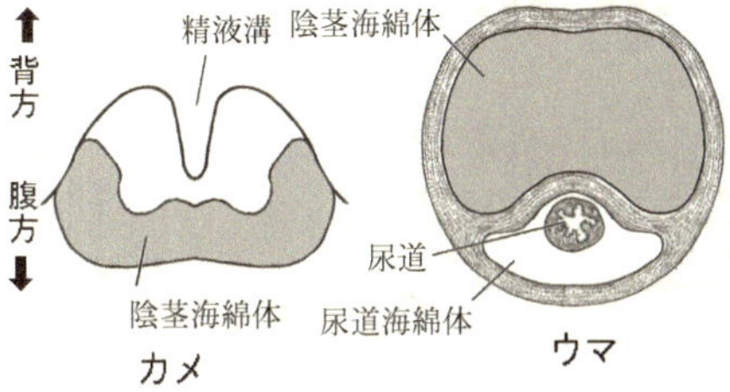

図5-36　陰茎横断面の比較
カメの陰茎とウマの陰茎では背腹方向が逆になっている

陰嚢が肛門から離れて下腹壁に移るにしたがって、陰茎は頭方に向かって伸びるようになる（図5-30⑤参照）。その結果、哺乳類の陰茎は、爬虫類や鳥類とは逆の方向に伸びている。そのため、背腹関係も逆になる（図5-36）。

陰茎の位置と方向により、動物の放尿の姿勢が変わる。ネコはふだんの放尿では前足で穴を掘って、そこにしゃがみ込むようにして放尿し、土をかけて埋めてしまう。自分のナワバリをつくる際は、尾を上げるようにして後方に勢いよく放尿する。これを「スプレー」という。これに対して、イヌの陰茎はネコより前を向いているので、自分の勢力圏をマークするためには左右どちらかの後肢を上げ、体を捻るような姿勢で放尿する。ウシやウマは、四肢のほぼ中央に向かって放尿する。

4 卵生から胎生へ

多細胞生物で、卵が受精して、個体が発生する初期の状態が胚である。動物は胚を体外に出して育てる「卵生」と、親の体内で長期にわたって育てる「胎生」に分けられる。どちらを採用するかは当然、個々の動物の生殖に重要な影響を及ぼす。

卵の数とサイズの問題

実はオスが1回の放精で放出する精子の数は、どんな動物でも大差ない。魚もヒトも、一度に億単位の精子を放出する。

差があるのは卵の数である。一般に、歴史の古い動物ほど1回に放出する卵の数が多い傾向がある。たとえば魚類は1万～1000万個、両棲類は1000～10万個の卵を放出するのに対し、爬虫類は100個、哺乳類では10個以内である。ヒトでは多くの場合、1個である。卵の数が減少するにしたがい、卵のサイズは大きくなる傾向がある。魚類の卵は平均1～2mmであるが、鳥類の卵は20～40mmである。

卵生の場合、卵のサイズは重要な問題になってくる。卵が小さければ、卵黄の量も減り、胚を育てるための栄養分が少ししか入らない。そのため、小さな卵から生まれた幼生は栄養的に速やかに自立する必要がある。

魚類と両棲類の卵

哺乳類以外の多くの動物では、卵生が一般的である。

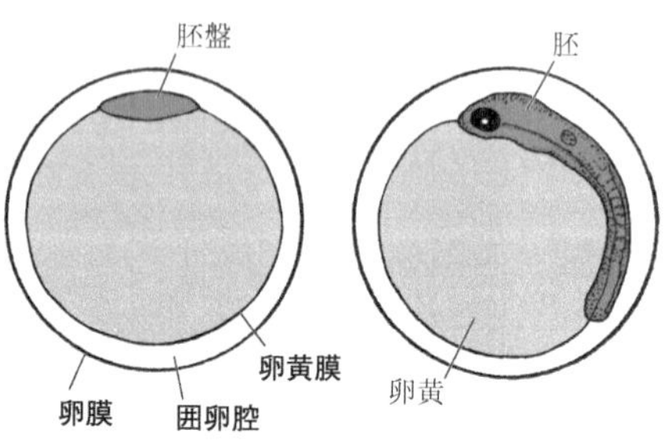

図5-37　**メダカの発生**（松原を改変）
魚類の卵は水中に入ると、卵黄膜と卵膜の間の囲卵腔に水が入り込み、胚はこの水に浸かった状態で発育する

水中に産みつけられる魚類や両棲類の卵は、「卵黄膜」に包まれ、その外側は薄い「卵膜」に覆われている。母親の卵巣内にあるときは、卵黄膜と卵膜は接着しているが、水中に入ると、2つの膜の間にある間隙（囲卵腔）に水が入る（図5-37）。

卵膜は有害な病原微生物などを遮断して、きれいな水だけを取り入れる。この水に浸かった状態で胚は発育する。水は胚に酸素を提供するとともに、排出物を運び去る、いわば“胚の命綱”なのである。

卵生では、発生に必要な栄養分は卵黄に含まれている。しかし、水の備蓄はできないので、胚が命をつなぐには外界からたえず補給する必要がある。周囲に水が豊富な環境ならたやすいことなのだが、陸上進出にあたっては、これが難題となった。

爬虫類と鳥類の卵

動物が陸に上がるためには、水がなくても胚が発育できる卵をつくらなければならなかった。そこで爬虫類や鳥類は、卵の周囲を丈夫な膜で覆い、乾燥への耐性を高めた（図5-38）。

図5-38　シマヘビの卵
長軸は３～4cm 。弾性のある卵殻に包まれている

卵の被膜は「卵殻」と「卵殻膜」で構成される（図5-39）。ニワトリの卵を例にとると、卵殻は炭酸カルシウムを主成分とした堅固な被膜で、表面に「気孔」という多数の小さな孔があり、空気の通路になっている。卵が新鮮な状態では、その表層を「クチクラ」という薄い膜状組織が覆って、病原微生物の侵入を防いでいる。

卵殻膜は「内卵殻膜」と「外卵殻膜」の２層で構成される。卵の両端のうち、丸みを帯びたほうの端では２層が分かれて「気室」をつくっている。気室は生後まもない卵には認められず、卵の内部が冷却されて収縮するとできてくる。

▸▶▶ 大きな卵の限界

生物の体が大きく、複雑になるにつれて、胚が親に近い姿にまで成長するには非常に長い時間がかかるようになった。必要な栄養分の量が増え、卵は大きくならざるをえなかった。ダチョウの卵は長径が15cm近くにもなり、かつての恐竜の卵には50cmに達するものもあった。一度できてしまうと補充ができないため、必要なものは最初にすべて詰め込む必要があるところに、卵生の限界がある。

胚の発育の効率を上げるため、卵の中は膜でつくられた袋でいくつかのスペースに区分けされるようになった（図5-39参照）。膜には４つの種類があり、「胚外被膜」と総称される。

陸上で生殖する動物は「羊膜《ようまく》」をもっていることが、特徴の一つである。爬虫類、鳥類、哺乳類の胚は、いずれも羊膜に包まれて発育するので、これら３種類の動物を「羊膜類」あるいは「有羊膜類」と呼ぶ。これに対して、羊膜をもたない円口類、魚類、両棲類を「無羊膜類」と呼ぶ。

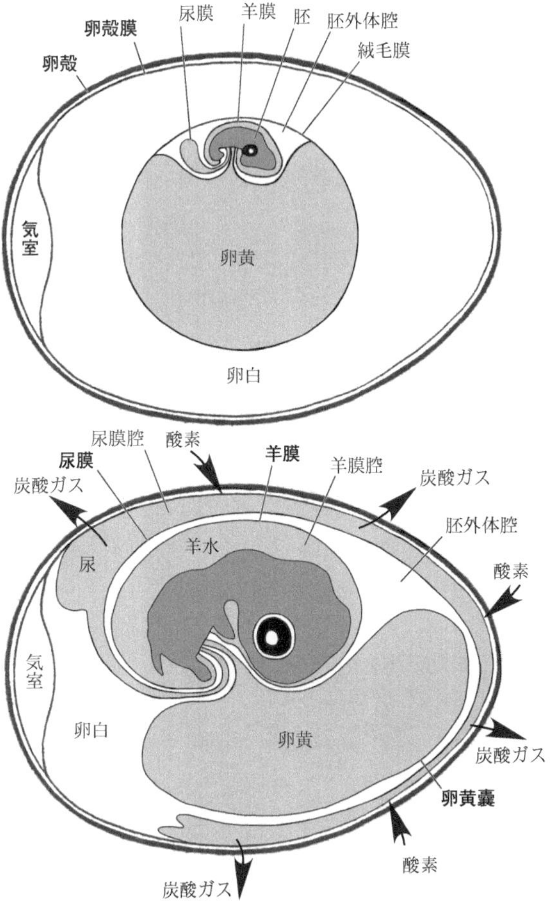

図5-39　**ニワトリの発生**
発生の早い段階（上）と発生が進んだ段階（下）

羊膜は胚を直接覆っていて、その内部は「羊水」に満たされている。遠い祖先を水棲動物にもつ私たちは、陸に上がっても羊水というミニチュアの海の中で育つのである。羊水によって衝撃や温度変化などのダメージが緩和されている。

卵黄の周囲を包むのが卵黄嚢である。ここには多くの血管が通っていて、卵黄の栄養分を胚に供給している（図5-40）。

発生の間に生じた老廃物の貯蔵所となるのが「尿膜」である。さらに尿膜は、毛細血管によって外界とのガス交換をしている。

いちばん外方にある「絨毛膜《じゅうもうまく》」（漿膜）は、胚とその周囲の間で酸素、炭酸ガス、栄養分、老廃物などを交換している。

胎生のはじまり

体が複雑になった爬虫類や鳥類は、いくら必要に迫られていても、卵を際限なく大きくするわけにはいかなかった。だが、逆に考えれば、あとから栄養を補給できれば、卵を大きくしなくてもよいことになる。その方法の一つとして現れたのが、胚が母体内に留まり、母体から栄養補給を受ける胎生である。こ

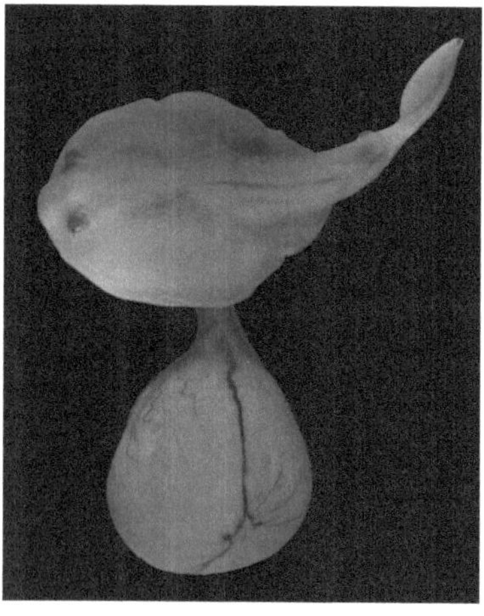

図5-40 卵黄をもったシビレエイの胚
卵黄嚢には多数の血管が分布し、栄養分を胚に運んでいる

れにより、動物の卵は小さくてもすむようになった。

しかし、すべての動物が胎生に進んだわけではない。動物によっては、胚が卵の形で母体内に保持されることがある。卵には十分な卵黄が蓄えられていて、栄養的に母体に依存することなく発育し、孵化する。このような様式を「卵胎生」という。

卵胎生と真の胎生は、はっきり区別できないことが多い。エイやサメは、発生の初期には卵黄の栄養で育つが、卵黄を消費してしまうと、母体との間で栄養、酸素、炭酸ガス、老廃物などを授受して発育している可能性がある（図5-41）。おそらく真の胎生は、このような状態から移行したのだろう。

しかし初期の胎生は、まだ栄養補給のしくみが不十分だったため、有袋類のカンガルーのように発生のごく初期に子を産まざるをえなかった。

胎生の動物に長期の妊娠が可能になったのは、白亜紀（1億4500万～6600万年前）の終わりに成立した真獣類によって「胎盤」が成立したことによる。胎盤とは、胚と母体をつなぎ、母体から胚に栄養と酸素を補給し、胚から母体へ老廃物を排出する器官である（図5-42）。

図5-41　シビレエイの胚
子宮に５匹の胚が入っていた

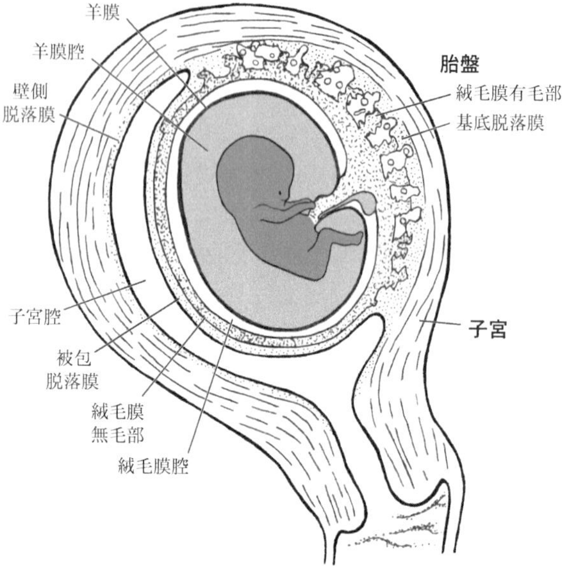

図5-42 ヒトの発生で見る胎盤（Pattenを改変）
発生10週

胎盤のおかげで、卵は劇的に小さくなった。卵黄には、受精から受精卵が子宮に着床するまでの1週間分の栄養さえあればよくなった。ヒトの卵はわずか0.1mmである。

陸上に進出した爬虫類が乾燥に適応した卵をつくってから、胎生というシステムが確立するまでには、実に2億年もの歳月がかかっていた。

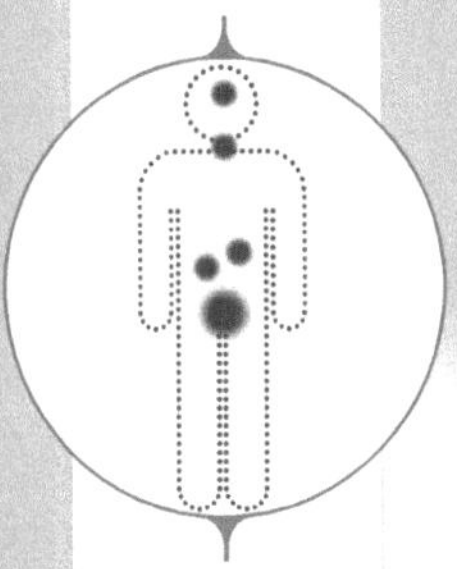

第6章 内分泌系の進化

環境変化により速く、より的確に対応するため、
動物たちが採用したホルモンという情報媒体。
その歴史は意外に古い。

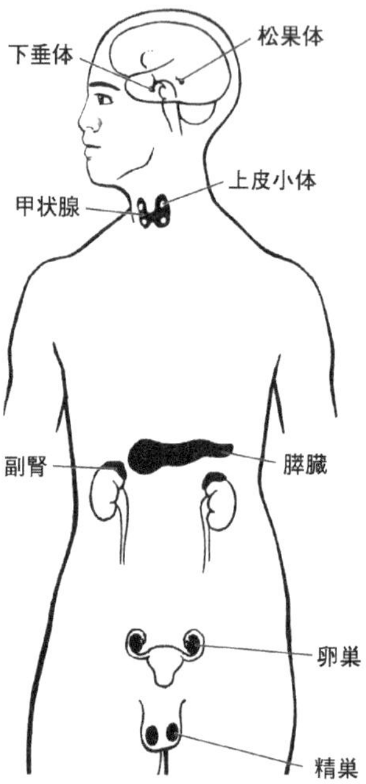

図6-1 ヒトの主要な内分泌器官
(Chaffeeを改変)
内分泌系の各器官は小さく、ばらばらに存在している

さまざまに変化する環境に、いかに反応するか。動物が生き残れるか否かは、この点にかかっている。どれほど優れた感覚器をもち、餌のありかや敵の存在を察知できても、体の状況をすばやく、的確にそれに対応させることができなければ、チャンスをものにすることも、ピンチを回避することもできない。

そこで動物は、さまざまな器官の活動をコントロールする「ホルモン」という物質を進化させた。状況に応じて送られるさまざまなホルモンの「指令」にしたがって、各器官は統制のとれたはたらきをしている。

体の各所でホルモンを産生・分泌する器官は「内分泌系」と総称される。ホルモンは少量でも大きなはたらきをするので、内分泌系を構成する器官は概して小さい。また、これらの器官は体内にばらばらに存在していて（図6-1)、呼吸器系や消化器系のような構造的なまとまりをもたないので、内臓として意識されにくい。だが、各器官は血液を介してつながっていて、機能的には緊密に連携しているのである。

1 ホルモンのはたらき

ホルモンを産生し、分泌する内分泌系は、下垂体、甲状腺、上皮小体、膵臓の内分泌部、副腎、卵巣と精巣、松果体などから構成されている。さらに、視床下部、消化管、腎臓などにも、ホルモンを産生・分泌する細胞がある。これらの各器官を「内分泌腺」と呼ぶ。

外分泌と内分泌

分泌物を産生する腺には内分泌腺のほかに、唾液腺、胃腺、乳腺などの「外分泌腺」がある。内分泌腺も外分泌腺も、上皮の一部が局所的に増殖してできたものだが、外分泌腺が分泌物を外部に出す導管をもっているのに対し、内分泌腺は導管が二次的に退化してしまったと考えられる（図6-2）。したがって、内分泌腺で産生されたホルモンは外部に出ることなく腺の周囲

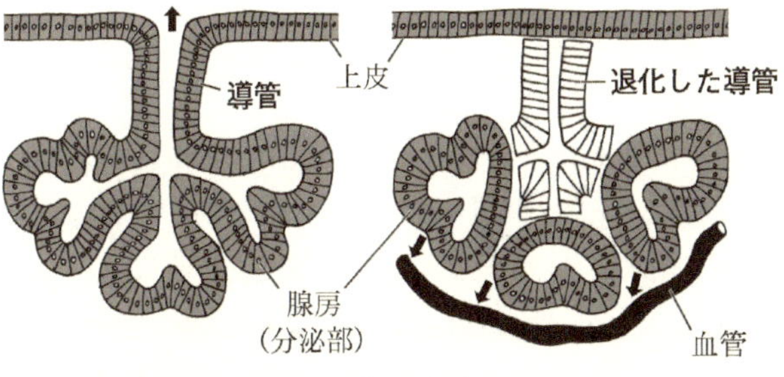

図6-2　**内分泌腺（右）と外分泌腺（左）**
外分泌腺の分泌物は導管を通って外部に出るが、内分泌腺から出たホルモンは導管がないため周囲の毛細血管に吸収される（矢印は分泌物の流れる方向を示す）

に分泌されて、毛細血管に吸収され、血管を通って体の各所に届けられる。

器官や細胞が、特定のホルモンに対して感受性がある部分をもつとき、これを「受容体」と呼ぶ。そうした受容体をもつ器官を、そのホルモンの「標的器官」という。標的器官は1つのこともあれば、複数のこともある。また、同じホルモンでも標的器官によって作用が異なることがある。動物たちが進化する過程で、必要に迫られて多くの受容体が発達し、標的器官も増え、ホルモンの機能は多様になった。

▶▶▶ 消化管に見るホルモンのはたらき

ホルモンのはたらきについては、たとえば第4章で哺乳類の腎臓が抗利尿ホルモンによって尿の濃度をコントロールしていることを紹介したが、ここでもう一つ、ホルモンのはたらきとして身近でわかりやすい例を見ていこう。

動物が摂取した食餌は、長い消化管を移動する。このとき、胃の内容物が小腸に移れば、小腸のはたらきが促進されるとともに、胃のはたらきは抑えられる。全体が同時に動くのではなく、必要なときに必要な部位だけがはたらくのである。

このように消化管を精密にコントロールしているのが、消化管ホルモンである。何種類もの消化管ホルモンが司令塔のように標的器官を的確に制御しているからこそ、消化管は栄養を効率よく消化し、残らず吸収することができる（図6-3）。

消化管ホルモンは消化管粘膜の内分泌細胞で産生され、食物や消化された栄養物の刺激によって、粘膜内の毛細血管内に分泌され、胃、小腸、肝臓、膵臓、胆嚢などに作用する。

消化管ホルモンの歴史は古く、円口類にも、腸壁細胞に消化管ホルモンと、膵臓のホルモンであるグルカゴンの両方のはたらきをもつものがあることが知られている。このことは、消化管ホルモンと膵臓のホルモンは、もとは同じ単一のホルモンであって、「原ホルモン」とでもいうべきものが同じ細胞で産生されていたことを示唆している。魚類になると、哺乳類がもつほとんどの消化管ホルモンが存在している。

以下に、おもな消化管ホルモンをあげる。

①ガストリン

胃に食物が入ったことが刺激となり、幽門腺の「G細胞」から「ガストリン」というホルモンが分泌される。ガストリンは

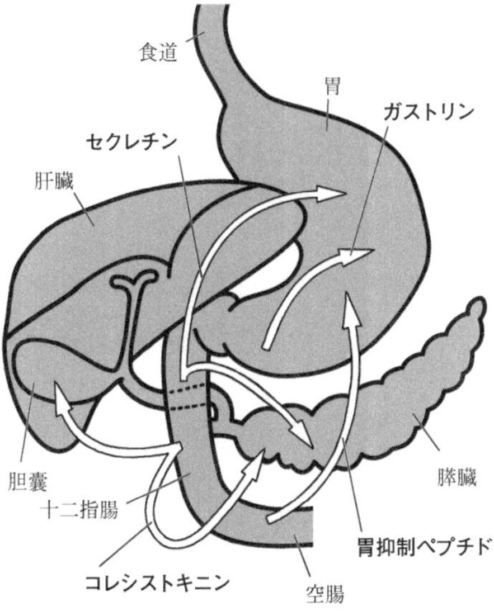

図6-3　消化管ホルモン（SilbernaglとDespopoulosを改変）
長い消化管の各所でさまざまなホルモンがはたらき、消化吸収を精密に制御している

胃底腺（固有胃腺）に作用して胃酸、ペプシノゲン、粘液などの分泌を促し、胃の運動を促進する。食物が十二指腸に移って胃が空になると、G細胞に対する刺激がなくなってガストリンの分泌は止まり、胃酸などの分泌や胃の運動なども止まる。

②セクレチン

胃の内容物は、胃酸と接触するため強い酸性になっている。そのため十二指腸の内部も、胃からの内容物が入ると酸性になる。この変化が刺激になり、十二指腸壁にある「S細胞」から「セクレチン」というホルモンが分泌される。セクレチンは胃酸の分泌を抑制し、膵臓からの重炭酸イオンを多く含んだ膵液の分泌を促し、十二指腸内の酸性になった内容物を中和するはたらきがある。

③コレシストキニン〔-パンクチオチミン〕

食物のアミノ酸や脂肪酸などの刺激によって、小腸壁にある「I細胞」から「コレシストキニン」というホルモンが分泌される。コレシストキニンは膵液や胆汁の分泌を促進する。

④胃抑制ペプチド

食物のデンプン、タンパク質、脂肪などが刺激となって、十二指腸壁や空腸壁から「胃抑制ペプチド」というホルモンが分泌される。胃抑制ペプチドには、胃液の分泌と、胃の運動を抑制するはたらきがある。

消化管ではこれらのホルモンが協調して、必要なときに消化器官の必要な部位だけを作動させるシステムをつくりあげ、効率のよい消化・吸収を実現している。

2 合併する内分泌系

内分泌系は円口類にも認めることができ、哺乳類に至るまで、脊椎動物にはほぼ同じように備わっている。そこから分泌されるホルモンもよく似ていて、同じ名前がつけられていることが多い。そもそも、内分泌系はどのようにして生まれたのだろうか。もっとも歴史の古い内分泌腺の一つである「甲状腺」を例に探ってみたい。

甲状腺の誕生

甲状腺が産生・分泌する「甲状腺ホルモン」には代謝や成長を促進するはたらきなどがあるが、これと同様の機能をもつホルモンは原始的な動物にも認められ、動物の発育や変態・生殖などに大きな影響を及ぼしてきた。このホルモンの材料となる「ヨード」は海水中などに含まれ、動物にとっては必須の物質となっている。

甲状腺ホルモンはおそらく、体表や消化管に分布する細胞で偶然に、ヨードを含む化合物（ムコタンパク質）が合成されたことから誕生したと考えられる。この細胞が次第に口腔に分布するようになり、ヨード化合物が口腔から消化管に入って消化され、血液中に吸収されるようになった。それらの物質の中に、代謝レベルの調整機能などをもつものが含まれていて、やがてホルモンとしてのはたらきをするようになったのであろう。

この推察の根拠となっているのが、ホヤやナメクジウオである。これらの動物は、口腔や咽頭に「内柱」という粘液分泌腺をもっている（図6-4）。内柱の開口部の近くには海水からヨー

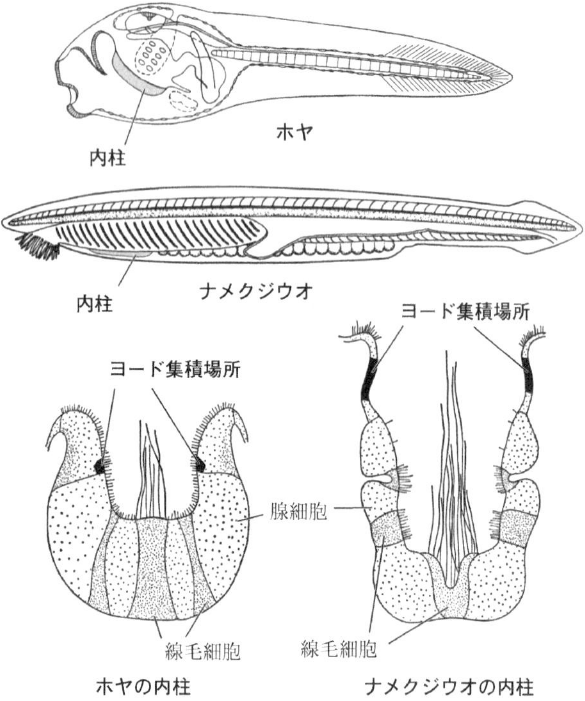

図6-4　ホヤとナメクジウオの内柱（小林とNeumannを改変）
内柱は選択的に集めたヨードをもとにヨード化合物を合成・分泌し、線毛の運動で水流を起こして消化管内に運ぶ。消化吸収された化合物は甲状腺ホルモンに似たはたらきを示す

ドを選択的に集める場所があり、内柱は集めたヨードを使って合成したヨード化合物を粘液とともに分泌する。この粘液は食餌をからめとり、線毛の運動による水流に乗せて、咽頭から胃や腸に運ぶ。ヨード化合物はそこで消化されて、分子量の小さい物質になって吸収されて血液中に入る。これらの物質が、甲状腺に似た生理活性を示すのである。

また、ヤツメウナギでは、幼生のアンモシーテスがもつ内柱が、成体に変態する際に甲状腺に変化する。

こうしたことから、ヨード化合物を産生する内柱が、甲状腺に進化したと考えられるのである。

▶▶▶ 合併する内分泌腺

その後の進化の過程で、内分泌系はほかの内臓にはない特異な現象を呈するようになった。内分泌系を構成する内分泌腺どうし、あるいは内分泌腺とほかの器官とが、しばしば「合併」しているのである。しかも、動物が魚類、両棲類、爬虫類、鳥類、哺乳類と進化していくにしたがい、より多くの合併が起こる傾向が見られるのである。

合併したおもな内分泌腺には、次のようなものがある。

①**下垂体**：咽頭の粘膜に由来する「腺性下垂体」と、脳の一部が突出した「神経性下垂体」が合併したものである。

②**甲状腺**：哺乳類では、元来の甲状腺に「鰓後体」という内分泌腺が合併した。

③**膵臓の内分泌部（ランゲルハンス島）**：外分泌部と合体して、膵臓という１つの器官を形成している。

④**副腎**：多くの動物で、副腎皮質と副腎髄質が合併する傾向が見られる。

⑤**生殖腺**：生殖細胞を産生する機能と、性ホルモンを産生する機能が合併している。

合併がただちに進化につながるのかどうかはわからないが、内分泌腺がそうした志向をもっていることは確かであるように思われる。ここからは再び甲状腺を例にとって、「合併」という観点から内分泌系の変化をたどってみたい。

甲状腺の合併

甲状腺のもとになった内柱の細胞は、やがて「濾胞《ろほう》上皮細胞」という内分泌細胞に変化した。濾胞上皮細胞は「濾胞腔」という腔所を取り囲んで「濾胞」を形成し（図6-6）、甲状腺ホルモンを産生・分泌する。

これが元来の甲状腺であり、哺乳類以外の動物の甲状腺はすべて、濾胞のみからなっている。濾胞では、代謝機能を調整す

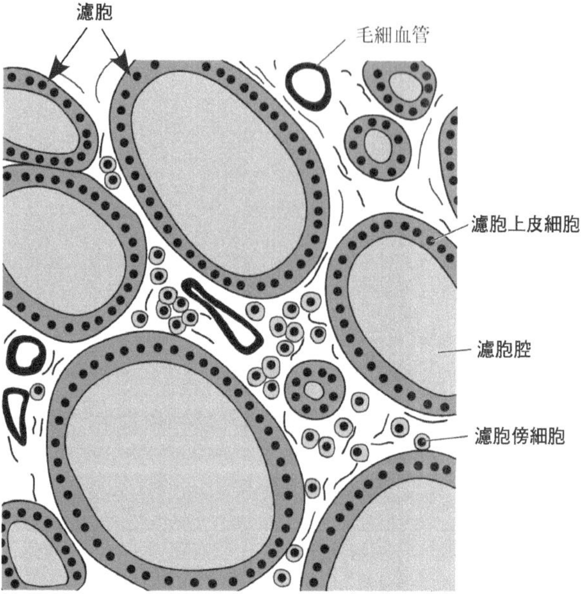

図6-6　甲状腺の構造
濾胞腔を濾胞上皮細胞が取り囲んで、濾胞を形成している。濾胞上皮細胞は元来の甲状腺の細胞である。濾胞の間には濾胞傍細胞が分布している。濾胞傍細胞は、もとは「鰓後体」の細胞だった（鰓後体については後述）。濾胞上皮細胞と濾胞傍細胞は、完全に一体化している

る「サイロキシン系ホルモン」が産生・分泌される。これが本来の意味での甲状腺ホルモンである。

ところが、哺乳類の場合は濾胞に「濾胞傍細胞」という内分泌細胞が合体した。濾胞傍細胞には、カルシウムイオンの血中濃度を調整する「カルシトニン」というホルモンを産生・分泌するはたらきがある。このため哺乳類の甲状腺では、まったくはたらきが違う2種のホルモンが分泌・産生されることになったのである（表6-1）。

▶▶▶ 発生から見た合併

ヒトでは発生3週になると、咽頭底で上皮性の細胞が増殖して「甲状腺原基」が形成される（図6-7）。甲状腺原基ができる

表6-1　甲状腺と上皮小体のホルモンと主要な機能

	産生する細胞	ホルモン名	主要な作用
甲状腺ホルモン	濾胞上皮細胞（元来の甲状腺の細胞）	サイロキシン トリヨードサイロニン	物質代謝亢進（タンパク質合成促進、脂肪代謝促進、糖代謝促進、糖新生促進）、成長促進、精神機能亢進、心機能亢進、消化管での栄養分吸収促進、体温上昇
	濾胞傍細胞（もとの鰓後体の細胞）	カルシトニン	骨細胞のはたらき促進し、破骨細胞のはたらき抑制してCa^{2+}を骨に移す、腎臓からのCa^{2+}の排泄促進
上皮小体ホルモン	主細胞	パラソルモン	破骨細胞のはたらき促進し、Ca^{2+}の骨から血中への移動促進、腎臓の尿細管でのCa^{2+}の再吸収促進、腎臓でのビタミンD活性化促進し消化管のCa^{2+}吸収促進

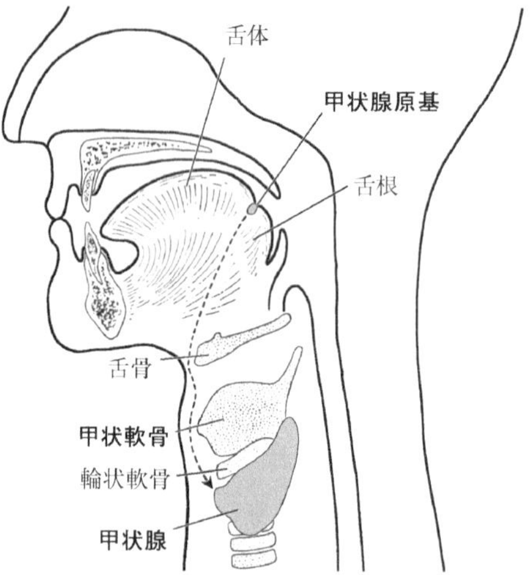

図6-7　**ヒトの甲状腺の発生**（Langmanを改変）
咽頭底にできた甲状腺原基は下降して発生７週に甲状軟骨の近くに達する

ところは、発生が進んだ段階では、舌体と舌根の境界部になる。

発生の過程で、甲状腺原基は次第に下降していき、最終的には甲状軟骨のすぐ下方に到達する。甲状腺という名前は、ここに由来している。

一方で、発生５週になると、咽頭の内面に咽頭嚢と呼ばれるくぼみが形成され、これに対応して咽頭の外表面にも、咽頭溝が形成される（図6-8 上左）。第２章で述べた、鰓のはじまりである。咽頭嚢と咽頭溝は次第に深くなり、魚類などでは両者がつながって鰓裂を形成する（図2-2参照）が、陸棲動物の場合は、くぼみができるだけである。

しかし発生５週の後半になると、咽頭嚢からは耳管と鼓室、口蓋扁桃など、さまざまな器官ができてくる（図6-8 上右）。

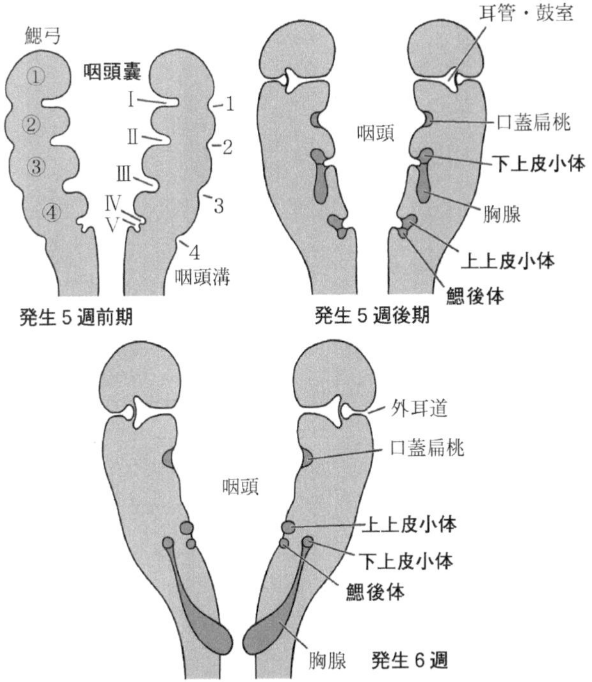

図6-8　ヒトの鰓性器官の発生（Starckを改変）
ローマ数字は咽頭嚢、算用数字は咽頭溝、円で囲んだ算用数字は鰓弓を示す。ヒトでは咽頭嚢は5対形成され、鰓後体は第5咽頭嚢から分化する

これらのうち「下上皮小体」と「上上皮小体」（あわせて「上皮小体」）や「鰓後体」「胸腺」などを「鰓性器官」と総称する。なかでも上皮小体と鰓後体は、ホルモンを分泌する内分泌器官である。鰓後体という名は、5対ある咽頭嚢の最後方（第5咽頭嚢）から発生することからきている。

発生の間に、まず下上皮小体が下方に向かって移動を開始する（図6-8 下）。続いて上上皮小体や鰓後体も、下降を始める。

さらに発生が進むと、鰓後体は甲状腺に合併吸収されてしま

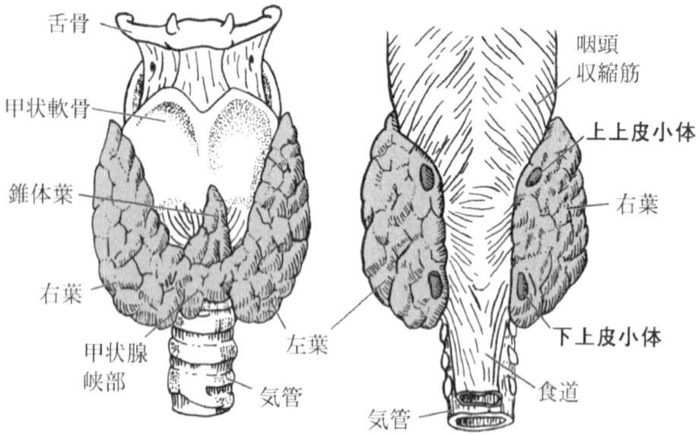

図6-9　ヒトの甲状腺と上皮小体（左：前面、右：後面）
ヒトの甲状腺はH字形をしていて、左葉と右葉、および甲状腺峡部よりなる。上皮小体は甲状腺の後面で両葉に上下1対、計4個接着している

う。そして上皮小体は、甲状腺に接着する（図6-9）。

甲状腺に合併された鰓後体は濾胞傍細胞となり、カルシトニンを分泌する。上皮小体は「パラソルモン」というホルモンを分泌する。両者が協調することで、血液中のカルシウムイオンの量はほぼ一定に保たれている。

上皮小体の位置が暗示すること

両棲類、爬虫類、鳥類などでは、鰓後体も上皮小体も、甲状腺からは独立した別個な器官として存在している（図6-10）。だがヒトを含む多くの哺乳類では、鰓後体は甲状腺に合併吸収されたうえに、さらに上皮小体も甲状腺に接着している。

上皮小体が甲状腺に接着していることは、何を意味しているのであろうか。見方によっては、上皮小体も鰓後体のように、甲状腺に吸収合併される寸前の状態であると考えられなくもない。すでに鰓後体をわがものにしてしまった甲状腺は、次には上皮小体までも合併しようとしているのではないだろうか。

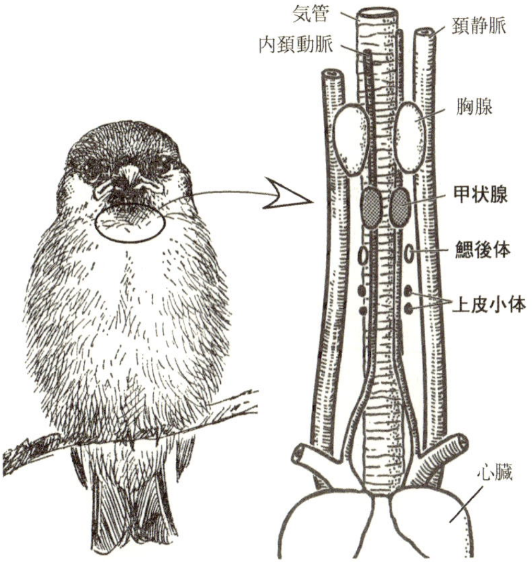

図6-10　**鳥類の甲状腺と鰓性器官の配列**（Hildebrandを改変）
哺乳類以外の動物では、甲状腺と鰓後体や上皮小体は別個の器官であり、離れた場所にある

上皮小体の接着は、甲状腺が周囲の器官を次々に合併していくことで、いつの日か"甲状腺複合体"といえるようなものが出現する前触れなのかもしれない。

副腎に見る合併

別の内分泌系器官でも、合併の例を見てみよう。
「副腎」は腎臓の近くにある1対の内分泌腺である（図6-1参照）。ここでは、由来も機能もまったく異なる2つの器官が合併して、副腎という1つの器官を構成している。

その一つが「腎間体」（腎間組織）であり、もう一つが「クロム親和性組織」である。どちらも聞き慣れない名前かと思うが、一般にもなじみのある呼び方をするなら、前者は「副腎皮質」、後者は「副腎髄質」である。

発生を見ると、「皮質」（副腎皮質）と「髄質」（副腎髄質）では起源がまったく異なっていることがわかる（図6-11）。皮質はおもに、尿生殖堤に由来する。対して「髄質」（副腎髄質）は、神経系の一部である神経堤の細胞が移動してきたものである。

尿生殖堤由来の皮質と、神経系由来の髄質とでは、当然、その機能も大きく異なっている（表6-2、表6-3）。

代表的な副腎皮質ホルモンとして、「アルドステロン」はおもにナトリウムイオンや水の動きを調整する。「コルチゾー

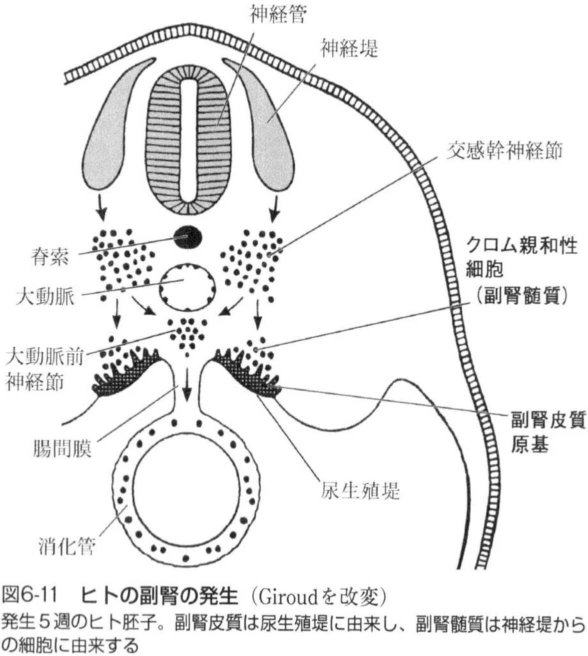

図6-11 **ヒトの副腎の発生**（Giroudを改変）
発生５週のヒト胚子。副腎皮質は尿生殖堤に由来し、副腎髄質は神経堤からの細胞に由来する

表6-2　副腎皮質ホルモンと主要な作用

産生部位	ホルモン名	主要な作用
球状帯	(電解質コルチコイド) アルドステロン	腎臓でのNa^+再吸収とK^+分泌促進、水分量の増加、血圧上昇、炎症促進
束状帯	(糖質コルチコイド) コルチゾール コルチコステロン	**代謝への作用**：タンパク質の異化促進、脂肪を脂肪酸に分解し、アミノ酸や脂肪からの糖新生促進、食餌と食餌の間の血糖値を維持 **抗炎症・抗アレルギー作用**：ストレス刺激への抵抗力増強 **消化管への作用**：胃液の酸とペプシン分泌促進し粘液分泌抑制 **循環系への作用**：心拍出量を増加して血圧上昇
網状帯	副腎アンドロゲン	男性化作用

表6-3　副腎髄質ホルモンと作用

作用		アドレナリン	ノルアドレナリン
循環系	末梢循環抵抗の増加	±	＋＋＋＋
	血圧上昇	＋＋	＋＋＋＋
	心拍出量	＋＋＋	±
	心拍数	＋＋＋	±
代謝系	肝臓のグリコーゲン分解	＋＋＋＋	＋
	血糖上昇	＋＋＋＋	＋
	遊離脂肪酸放出	＋＋	＋＋＋
	熱酸性増加	＋＋＋＋	＋＋
神経系	中枢神経系の興奮	＋＋＋＋	＋＋

ル」には、炭水化物以外の物質をブドウ糖に変換する「糖新生」という作用や、炎症やアレルギーを抑えたり、心拍出量を増加させたりするはたらきがある。「アンドロゲン」は、男性化作用を持つホルモンである。男性では、男性の特徴を増強するだけで、あまり大きな作用はない。女性では、分泌が過剰になると、男性化傾向がみられるようになる。

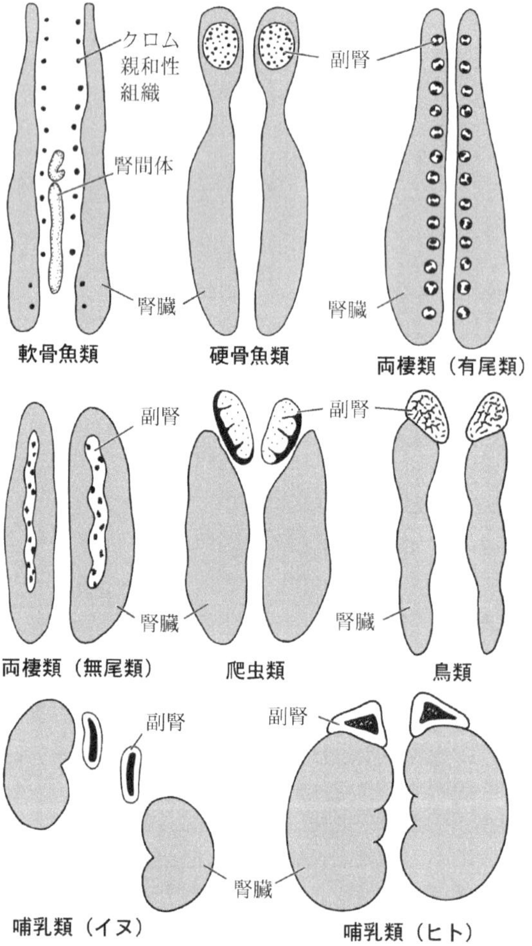

図6-12　副腎の皮質と髄質の配列の変化（WithersとDyceを改変）
皮質は白抜き、髄質は黒、腎臓はグレーで示した。軟骨魚類の皮質は左右の腎臓の間にあることから「腎間体」と呼ばれる。クロム親和性組織は髄質に相当する

これに対して、おもな副腎髄質ホルモンには「アドレナリン」「ノルアドレナリン」「ドーパミン」などがある。これらは身体的活動、精神的活動、出血、脱水などの際に血液中に分泌され、動物に緊急事態が訪れると血糖値や血圧を上げたり、消化管の機能を低下させたりする。私たちがいざというときに対応できるのは、これらのホルモンのはたらきのおかげである。

大まかに見れば、皮質と髄質の配列は動物の進化が進むほど近づいていく傾向が見られる（図6-12)。

魚類では両者は分散していたり、種によって形式がさまざまであったりとまとまりがないが、両棲類の無尾類になって一体化する傾向が見えはじめ、爬虫類ではカプセルに包まれて一体となった。鳥類では完全に合体して１つの器官となり、腎臓の頭方に位置するようになった。内部構造を見ると皮質と髄質が混在している。哺乳類になると副腎の中での両者の棲み分けが明確になり、皮質が表層、髄質が深部を占めるようになった。

合併は進化なのか

甲状腺や副腎にとどまらず、内分泌系において、合併が進む傾向にあることは確かであると思われる。このことは、何を意味しているのだろうか。

多くの動物では、鰓後体は甲状腺とは別個の器官として存在している。ヒトなどでは、甲状腺と鰓後体は合併して１つの器官となった。その利点はどこにあるだろうか。

つくる際のことを考えれば、１つの入れ物だけをこしらえて、そこに甲状腺も鰓後体も一緒に詰め込んでしまえばいいので、素材は少なくてすむ。さらに、体内に占拠するスペースも、少なくてすむであろう。この意味では合併は合理化であり、進化といえるのかもしれない。

ただし、傷害を受けたときは、話は別になる。たとえばヒトの甲状腺が外傷を受ければ、同じ器官に同居している鰓後体も傷つけられることになる。内分泌器官が傷害されてホルモンが不足してしまうと、人工的にホルモンを補充しなくてはならないが、甲状腺が傷害された場合は甲状腺ホルモンだけではなく、鰓後体のホルモンも補充しなくてはならなくなってしまうのである。

はたして、これを進化といえるのだろうか。そうしたわれわれの戸惑いを横目に見るように、内分泌系ではいまも合併が進行しているのかもしれない。

第7章 昆虫類の内臓

無脊椎動物の「王者」昆虫の内臓は、
脊椎動物の内臓に酷似している。
「進化の収斂」の妙がそこにある。

この地球上には、膨大な数の無脊椎動物が棲息している。脊椎動物と無脊椎動物は、まったく別個の進化を遂げ、まったく別個の構造計画にもとづいて、まったく違った体をつくってきた。これまで見てきた脊椎動物の内臓が本当に優れているのかどうかということは、まったく系統の異なる無脊椎動物の内臓と比較してみるとよくわかる。そこで、無脊椎動物の中でもっとも進化し、もっとも繁栄している動物である昆虫の内臓と比べてみよう（※）。

昆虫の内臓を構成する器官系のうち消化器系、泌尿器系、生殖器系、内分泌系は、脊椎動物のものときわめてよく似ている。まったく別個に進化したものが同じような結果に至ることを「進化の収斂《しゅうれん》」という。これらの器官系では、みごとなまでの進化の収斂が見られるのだ。

それに対して、呼吸器系は大きく異なる。昆虫類はきわめてユニークな呼吸器系をもっている。なぜこのようなシステムをつくりあげたのか、その理由も考察してみた。

※昆虫の内臓は脊椎動物の内臓と同じように分類することはできないが、本章は第1～6章の分類に準じた。

1 昆虫という動物

昆虫類は、ムカデ、ゲジ、ヤスデなどの多足類、エビやカニなどの甲殻類、コガネグモやオニグモなどの蛛形《しゆけい》類などとともに、節足動物に属する。節足動物はカギムシなどの有爪《ゆうそう》動物や多足類などから進化したものと考えられている。有爪動物の祖先は定かではないが、一つの可能性として、ヒル、ミミズ、ゴカイなどの環形動物ではないかとする説がある。

環形動物、有爪動物および多足類は、その特徴として体節という構造をもっている。昆虫類の体も体節を基盤としながら、特有の変革を経た痕跡を残している。

▸▸➤ 昆虫類の体制と構造

昆虫類の体は「頭部」「胸部」「腹部」からなる（図7-1）。

その大きな特徴の一つは「翅《はね》」をもっていることである。80万種近い現生の昆虫のうち、翅をもたないものはわずか5000種にすぎないといわれる。翅をもつことにより、昆虫類の運動量は飛躍的に増加し、発展に拍車がかかった。

また、胸部に前脚、中脚、後脚と、３対の「胸脚」があることも特徴であり、昆虫類は「六脚類」とも呼ばれる。

頭部には、１対の大きな複眼がある。そのすぐ腹方には１対の長い触角が突出し、触角の間に３個の単眼がある。

体内の構造を見ると（図7-2）、頭部の腹側部に口器があり、消化器系の入り口となっている。消化管は頭部から腹部まで体

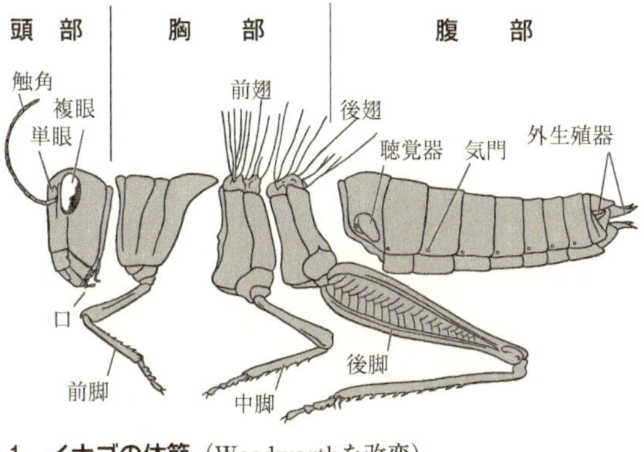

図7-1　**イナゴの体節**（Woodworthを改変）
昆虫の体は頭部、胸部、腹部の３部構成となっている

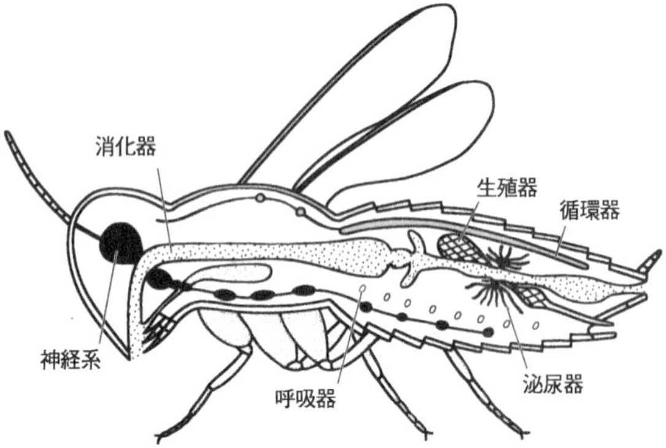

図7-2　**昆虫の器官系**（Barnesを改変）
脊椎動物とは呼吸器に大きな違いが見られる

の中央を貫き、消化管の尾側部（※）には泌尿器である「マルピギー管」が開いている。腹部には生殖腺があり、細い生殖管によって体の尾側部に開いている。腹部の背側部には長い心臓があり、頭方に向かって大動脈が走っている。

※昆虫類などの無脊椎動物には尾はなく、肛門が体の後端となるが、本書では脊椎動物の記載と合わせるため、肛門のある側という意味であえて「尾側」「尾方」「尾端」などの言葉を使う。

2　昆虫類の呼吸器系

昆虫類の呼吸器官は、皮膚の一部が陥入してできた気管や毛細気管からなる「気管系」である。気管系とは、肺という呼吸器をもたない陸棲動物がつくりだした陸上用呼吸器である。

その大きな特徴は、脊椎動物の呼吸器系が酸素や炭酸ガスを血液を介して運搬するのに対し、気管系では気管や毛細気管がそれぞれの組織まで伸びてガスを直接やりとりする、いわばガスの“宅配システム”が確立されていることにある。

独特の「気管系」

現生の昆虫類でもっとも原始的なものと考えられるのは、湿地に棲息する体長数ミリメートルの原尾類やトビムシ類（図7-3）であり、これらは皮膚呼吸をしている。だが後述するように陸上での皮膚呼吸は効率がよくないので、小型で活動量の少ない昆虫にしか見られない。

多くの昆虫は「気門」「気管」「毛細気管」で構成される気管系（図7-4）をもち、気管で呼吸している。これらも皮膚呼吸はしているが、ガス交換に占める割合は数%以下である。

①気門

気門は呼吸器系の外への開口部であり、原則として中胸、後胸、および腹部の第1～第8環節に、それぞれ1対ずつ開口している。特定の場所に限定しているのは、体壁から水分が失わ

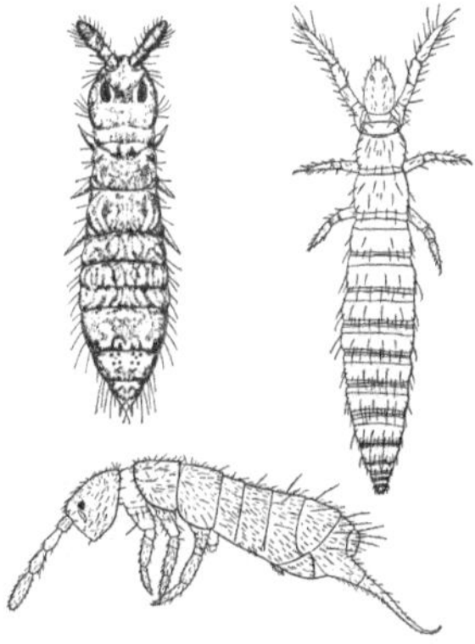

図7-3　トビムシ類と原尾類の仲間たち
（MillsとEwingを改変）
上左：*Achorutes arunatus*（トビムシ類）
下：*Isotoma andrei*（トビムシ類）
上右：*Acerentulus barberi*（原尾類）
もっとも原始的なこれらの昆虫は皮膚呼吸をしている

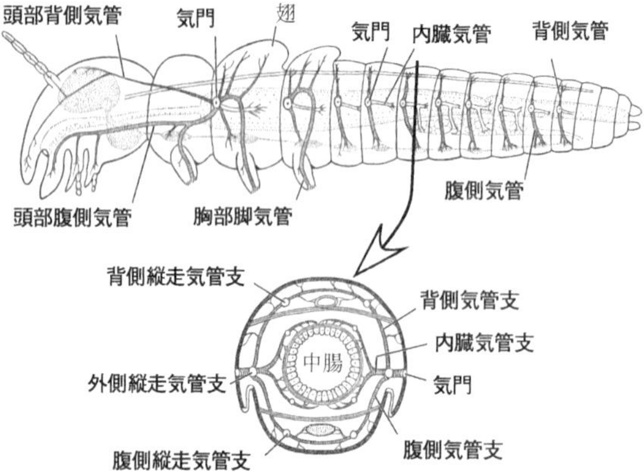

図7-4　**昆虫類の気門と気管支**（Snodgrasを改変）
多くの昆虫は気管で呼吸をしている

れるのを防ぐためである（図7-5）。

気門の入り口である「気門口」には多くの場合、塵や水の侵入を防ぐ「気室弁」や「篩器《しつき》」がある。気室弁は筋により開閉が可能である。呼吸に際し、気門は全体が協調して運動する。吸気では胸部や腹部頭側部の気門が開き、腹部尾側部の気門は閉じる。呼気では頭側部の気門は閉じ、腹部尾側部の気門が開く。頭側部と尾側部の気門が交互に開閉することで、気管内の空気は頭方から尾方に送られる。

こうした協調運動によって、酸素がおもに頭方の気門から取り入れられ、炭酸ガスは尾方から排出される。

②気管

昆虫の体内を見ると、白く細い糸のような構造物がたくさん走っている。これが「気管」である。

気管は皮膚が陥入して気門の奥に形成される。いくつも枝分

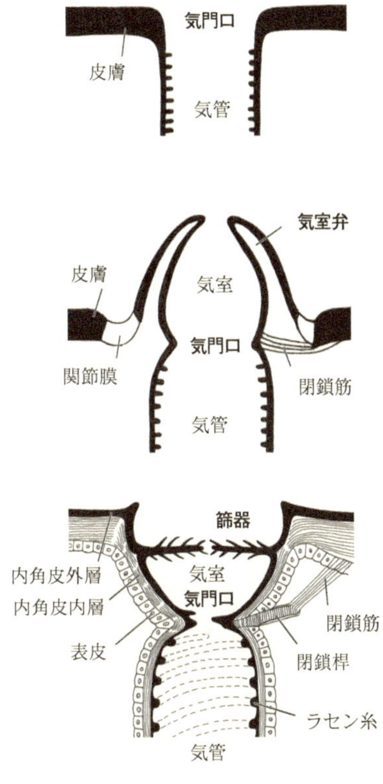

図7-5
いろいろな気門
（Weberを改変）
上：原始的な気門
中：閉鎖可能な気室弁を有する気門
下：篩器と閉鎖可能な気門口をもつもの

かれして、隣接する気門の気管ともつながり、全身に広がる密な気管網を形成している。気管の内膜は、昆虫の表皮と同じクチクラと呼ばれる硬い角皮でできている（図7-6）。

近くを通る気管どうしは、融合して「気嚢」を形成することがある。気嚢は拡張・収縮して呼吸運動を助けるほか、一時的に空気を蓄え、体の比重を小さくするはたらきもあると考えられる。

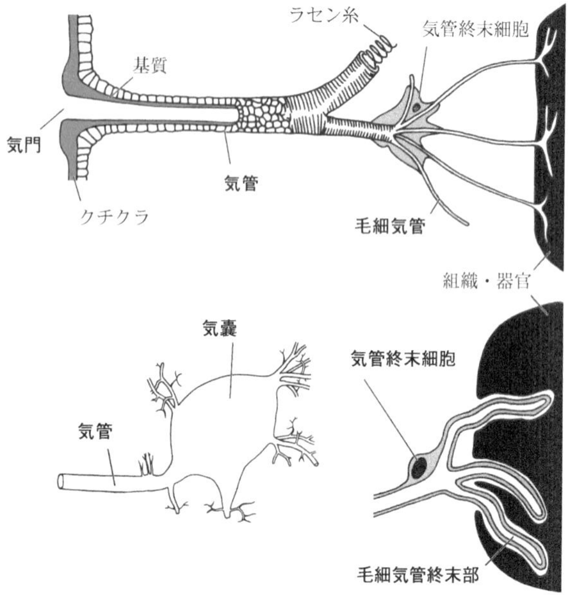

図7-6 **気管系の形態**（Rossを改変）
上：気門、気管、毛細気管の概観
下左：近くの気管どうしは、融合して気嚢をつくることがある
下右：毛細気管の終末部

気管壁は酸素は通さないが、炭酸ガスは周囲の血液から自由に入りこみ、気門から排出される。ほかには皮膚からも排出される。ナナフシは炭酸ガスの25%を皮膚から排出している。

③毛細気管

気管の末梢部では、多数の「毛細気管」に分かれる。毛細気管は直接、組織や器官の近く、ときには細胞内に入り込んでガス交換を行う。これが脊椎動物の呼吸器系とは大きく異なる、気管呼吸におけるガスの“宅配システム”である。ガスの移動は脊椎動物の場合と同様に、酸素や炭酸ガスの分圧の差によって起こる。

脊椎動物では、呼吸器系は循環器系や血液と密接な関係をもち、酸素や炭酸ガスの運搬は血液により行われる。これに対して昆虫の気管系は、気管という細いパイプライン網を張り巡らせて必要なところまでガスを直接届け、循環器系や血液はガスの運搬に関与していないことが、きわめて特異な点である。

▶▶▶ 水棲昆虫の呼吸法

昆虫は気管で呼吸する陸棲動物として進化してきたが、一部は進化の過程で水中生活をするようになった。水棲の昆虫は陸棲用の気管系でどのように呼吸しているのだろうか。

①ゲンゴロウの呼吸法

水棲昆虫の呼吸法としてもっとも原始的なものは、定期的に水面に浮上して、空気呼吸をする方法である。

頻繁に水面に浮上する手間を省くため、空気を身にまとって潜水する昆虫もいる。ゲンゴロウは水面に浮上すると、体の尾側端に「気泡《きほう》」をつけて水中に戻る。気泡内の空気は翅の下の「気室」というスペースに蓄えられ、気室の下の気門から吸い込むことができる。いわば気泡は、ダイビングに使う空気ボンベのようなものである（図7-7）。

気泡によって、周囲の水との間でガス交換も行われる。大気の組成は酸素21％、窒素78％、炭酸ガス0.03％、これは気泡内も同じである。対して水中は、酸素33％、窒素64％、炭酸ガス３％である。昆虫が呼吸して気泡中の酸素が減少すると、窒素の相対的な量が増加する。その結果、分圧の差によって酸素は周囲の水から気泡に入り、気泡中の窒素は水中に出ていくというしくみである。このようにして気泡は、かなり長時間にわ

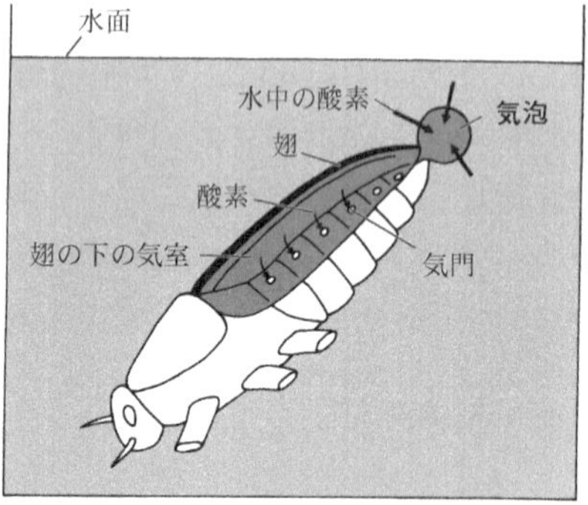

図7-7 ゲンゴロウの気泡（Chapmanを改変）
空気ボンベをつけたダイバーのように水中で空気呼吸をしている

たって空気ボンベとしての役割を果たすことができる。

②呼吸管による呼吸

より進化した呼吸法が、ハナアブの幼虫に見られる。この動物は体の尾側の端から水面に向かって伸ばした「呼吸管」で、水面上の空気を呼吸する（図7-8）。呼吸管は腹部末端の気門が長く伸びたものである。

呼吸管には伸縮性があり、体長約1cmのシマハナアブの幼虫の場合、呼吸管は最大6cmまで伸ばすことができる。

③気管鰓による呼吸

カゲロウやトンボなどの幼虫は「気管鰓《きかんえら》」をもっている。これは皮膚の直下にある密な気管網が葉状に突出したもので、表面を薄い皮膚に覆われている（図7-9）。ガス交換は気管網と周囲の水との間で行われる。

④血液鰓による呼吸

ユスリカやブユなどの幼虫では、発生のある段階になると、体表から表皮の一部が「血液鰓」として突出する。その中は血

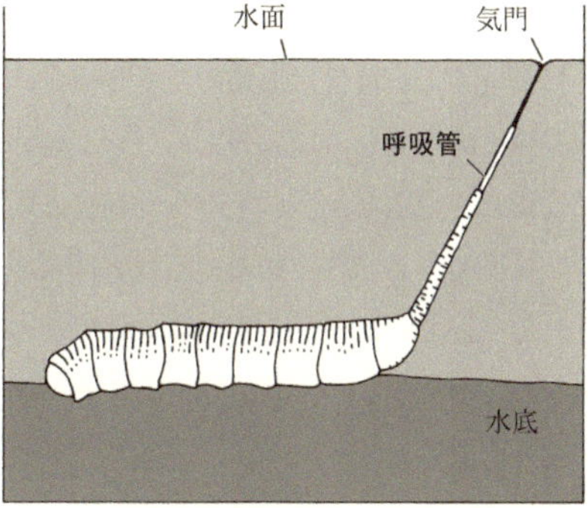

図7-8　**シマハナアブの幼虫の呼吸管**（Chapmanを改変）
忍者の「水遁の術」のように、長い管を伸ばして空気呼吸をしている

液で満たされていて、ここで周囲の水と血液の間でガス交換を行う。血液による呼吸は、昆虫類では特殊な方法である。

なぜ気管系なのか

気管系というユニークな呼吸システムは、どのようにしてで

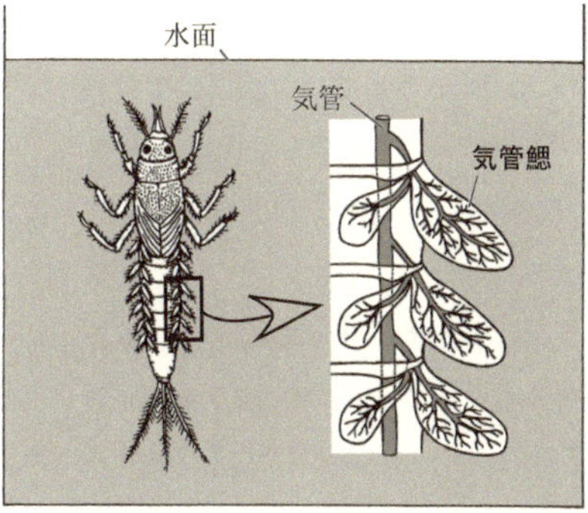

図7-9　**カゲロウの気管鰓**（Chapmanを改変）
たくさんの気管が鰓のようにはたらき、水との間でガス交換を行う

きあがったのだろうか。また、昆虫類がこのシステムによって将来、さらに発展する可能性はあるのだろうか。

原始的な昆虫と考えられる原尾類とトビムシ類が皮膚呼吸をしていることから、昆虫類が陸に上がった当初は皮膚呼吸をしていたものと推測できる。昆虫類の遠い祖先は水中に棲息し、皮膚呼吸をしていたと考えられるが、おそらくこの祖先は水中で皮膚呼吸をしていたときのまま、新たな呼吸器官をつくらずに陸に上がってきたのだろう。

しかし、陸上では体内の水分を保持するために、皮膚を水が通りにくいものにする必要があった。そうなれば当然、空気も通りにくくなり、皮膚呼吸に支障をきたす。

このような事態に対応するため、昆虫は皮膚に局所的に小さな“窓”をつくり、そこから気管という細い管を体内に伸ばして、空気の取り入れ口としたのではないだろうか。

昆虫類の循環器系は血管が大動脈の途中で切れていて、血液は血管を出て、体腔の中を循環している（図7-2参照）。原始的な段階では、気管は体腔内に伸びて、そこを流れる血液との間でガス交換をしていた。ところが進化の過程で酸素の需要が増加したため、気管をさまざまな組織まで伸ばして、直接ガス交換をする“宅配システム”をつくりあげたのであろう。

私たち脊椎動物の遠い祖先は、水中に棲息しているときに鰓という呼吸器官を使っていた。その後、陸に上がるに際して、鰓裂の一部を改造して、陸上での呼吸器である肺をつくった。祖先が皮膚呼吸をしていた昆虫類の場合、新しい呼吸器が必要になったときに、その素材として皮膚を使ったのは、ごく自然な選択だったといえるだろう。

▶▶▶ 気管呼吸と昆虫のサイズ

現在の昆虫は、気管による呼吸でガスの需要は満たされているものと考えられている。しかし仮に、昆虫の体がいまよりも大きくなったらどうだろうか。単純に考えた場合、昆虫の体長が2倍になれば、体表面積は4倍、体の体積は8倍になる。したがって酸素の需要も8倍に増える。つまり空気の取り入れ口である気門の面積は4倍になるが、そこから8倍もの空気を取り入れなければならなくなる。気門をもっと大きくすればいいと思われるかもしれないが、そうすると体表から水分が失われてしまうので、それは無理である。もし体長がさらに大きくなれば、気門の面積と、必要な空気の量との関係はさらに厳しいものになる。

多くの昆虫の体が小さい理由は、一つにはこうした呼吸システムの制約によるものであろう。

3 昆虫類の消化器系

昆虫の消化管壁には多くの気管が入り込んでいて、ここで多くの酸素が消費され、活発な活動があることを示唆している。

昆虫の消化管は「前腸」「中腸」および「後腸」で構成される。これを脊椎動物におきかえると、それぞれ「口から食道まで」「胃」「小腸と大腸」に相当する。つまり、両者の消化器系の構成は非常によく似ている。さらに、昆虫にも草食するものがかなりいるが、共生する微生物にセルロースの消化を頼るものが多い点もよく似ている。

さまざまな口器

「前腸」は食餌を貯蔵したり、咀嚼して小さくしたりするところで、入り口に近い側から口、咽頭および食道に区分される。

昆虫の口は上唇、大顎、小顎、下唇、舌状体などより構成され、これらを一括して口器と呼ぶ。食性により、口器の形態は大きく異なる（図7-10）。

イナゴやゴキブリなどの「咀嚼性口器」では、大顎が大きく発達していて咀嚼の際に中心的な役割を果たす。ハチのようになめて餌を摂取する「舐食《ししょく》性口器」は、小顎に包まれた円筒状になっている。チョウのように蜜を吸う「吸飲性口器」では、小顎がストローのように非常に長く伸びる。セミやカなどのように口器を差し込んで液体を吸う「切刺性口器」は、下唇に包まれた円筒状になっている。

また、昆虫は脊椎動物の鳥類などのように、嗉嚢をもっている。嗉嚢は食道の尾方が大きく膨らんだ場所で、食餌を一時的に貯めるはたらきをする（図7-11）。

中腸の巧妙なシステム

昆虫の中腸は（広義の）胃とも呼ばれる。ここでは酵素を産生して食餌を消化し、栄養分を吸収している。

中腸の内表面と食餌との間には「囲食膜」という薄い膜状の構造物がある（図7-12）。噴門部や中腸の表面から分泌された粘液が、食餌の表面に広がって濃縮したりすることでつくられ、脊椎動物の粘液とよく似ている。中腸には前腸のような内膜が欠如しているため、表面に食餌が直接触れると、上皮が損傷されるおそれがある。囲食膜はそれを防ぐために中腸上皮を

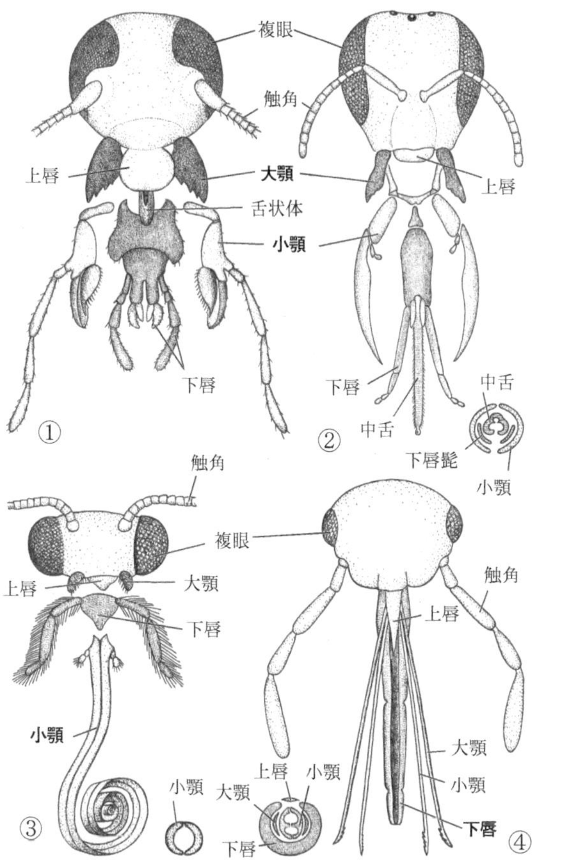

図7-10　さまざまな昆虫の口器（Kühnを改変）
①咀嚼性口器：イナゴは大顎が大きく発達していて硬い食餌も咀嚼する
②舐食性口器：ハチは小顎に包まれた円筒状の口器で蜜をなめる
③吸飲性口器：チョウはストローのように長く伸びる小顎で蜜を吸う
④切刺性口器：セミは下唇に包まれた円筒状の口器を差し込み樹液を吸う

保護している。また、感染を防止する防護膜としてもはたらいている。囲食膜と中腸上皮の間は、消化された食餌や消化液で

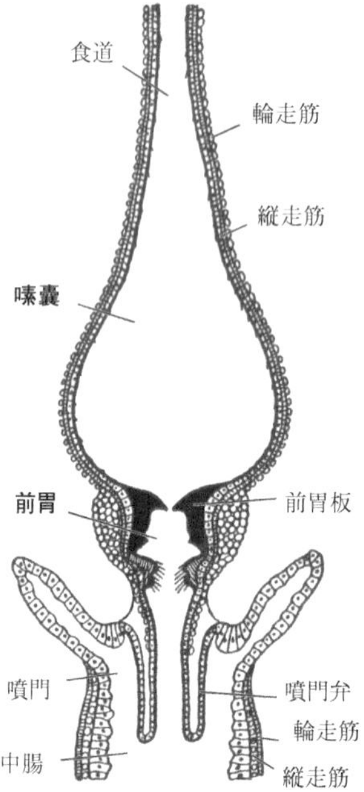

図7-11
嗉嚢と前胃の水平断面
(Snodgrasを改変)
嗉嚢のすぐ尾方に「前胃」が見られることがある。前胃は食餌が中腸に入るペースをコントロールしている。前胃の尾側端は「噴門弁」となっていて、中腸の内容物が逆流するのを防いでいる

つねに満たされている。

液体を摂取して生活する液食性の昆虫は、十分な栄養を確保するために大量の液体を摂取する。しかし、摂取量が増えれば血液が薄まるうえに、消化酵素も作用しにくくなる。このため過剰な水分はできるだけ速やかに排出しなければならない。

セミは液食性昆虫の代表であり、幼虫時代から成虫まで食餌はすべて樹液である。樹液に含まれる栄養分は多くないため、必要な栄養分を賄うには大量に摂取しなければならない。これに伴うトラブルを解決するため、セミは中腸の前部と後腸の起始部とを接着させて「濾過室《ろかしつ》」という“バイパス”をつくった(図7-13)。濾過室では、中腸の内容物が含む水分は浸透圧の差

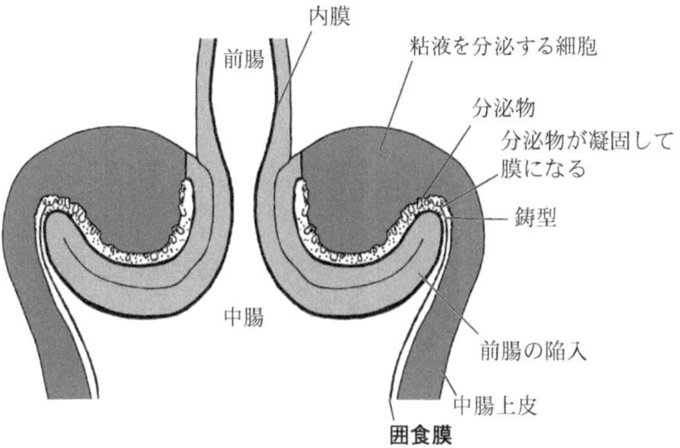

図7-12　**囲食膜の形成**（Wigglesworthを改変）
中腸の前端部で分泌された粘稠な液体は、中腸壁と陥入した前腸壁で構成される「鋳型」を通って囲食膜になる

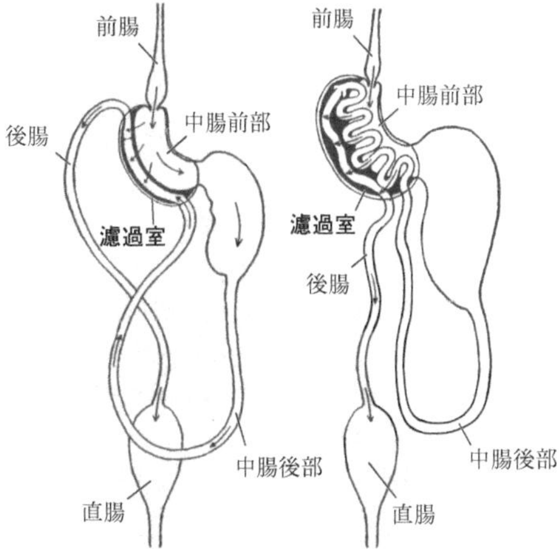

図7-13　**濾過室**（Wigglesworthを改変）
左：中腸前部の内容物は中腸後部を経てから後腸に進む
右：中腸前部の内容物は濾過室でショートカットされて直接、後腸に進む

によって後腸に移り、直腸を経て排出される。中腸後部への経路をショートカットすることで、水分の排出を早めているのである。

▸▶▶ 昆虫も微生物に頼っている

後腸の主要なはたらきは、内容物から水分や無機質などを吸収し、消化の残渣《ざんさ》やマルピギー管（後述）からの老廃物を肛門を介して外に出すことである。後腸は頭側より幽門、回腸と結腸、直腸に分けられる（図7-14）。

このうち回腸と結腸は、植物食の昆虫がセルロースを消化す

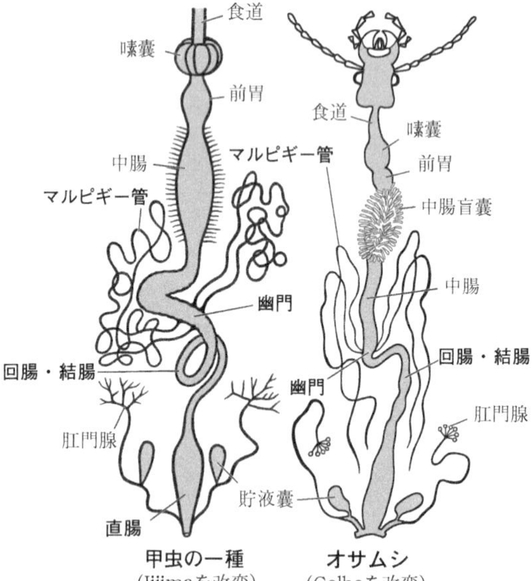

図7-14　後腸とマルピギー管の形態
（甲虫の一種はIijimaを改変、オサムシはColbeを改変）

る場所である。昆虫も脊椎動物と同様にセルロースを分解する酵素をもっていないため、微生物の力を借りて分解している。このような昆虫では、分解の場である回腸や結腸は、非常に大きくなっている。植物食の代表的な昆虫には、シロアリやカミキリムシなどがいる。

直腸には「直腸ヒダ」が見られ、内容物から水や栄養分を再吸収している。多数の毛細気管が分布していることから、直腸が活発に活動していることがわかる。

また、昆虫によっては、直腸は変わった役割も担っている。トンボ類の幼虫では直腸が呼吸器の役割をするとともに、直腸から水を勢いよく噴射して、その反動で前方に移動している。また、直腸の末端近くにある「肛門腺」から刺激臭のある物質を分泌して、敵を退散させる昆虫もいる。

4 昆虫類の泌尿器系

脊椎動物の泌尿器系は、生殖器系と密接に関わっていた。だが昆虫類では、消化器系と深い関わりをもって発達した。

▸▶▶ 消化管からできたマルピギー管

昆虫類の泌尿器系を「マルピギー管」という。これは後腸の一部が突出して、体腔に伸びている管状の器官である（図7-15）。ここで尿が産生され、糞便とともに肛門から排出される。脊椎動物の膀胱や尿道に相当する器官は、昆虫類にはない。

マルピギー管の数は概して、広食性（食物の選択範囲が広いこと）の昆虫で多く、バッタでは150本を超えるものがいる。

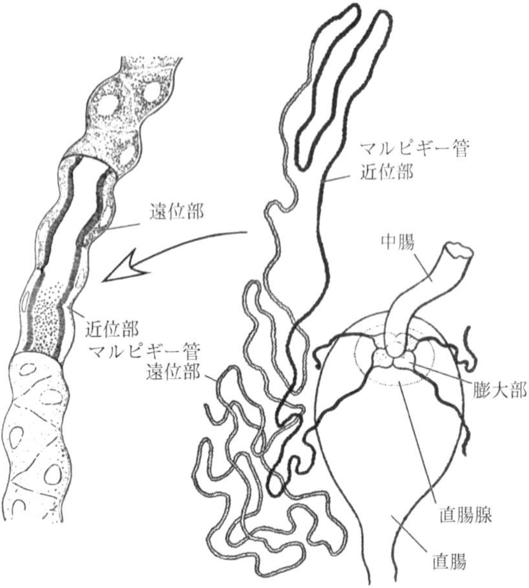

図7-15 **直腸とマルピギー管**（Wigglesworthを改変）

これに対して単食性の昆虫では少なく、カタカイガラムシやカイコガでは２本しかない。マルピギー管の長さは本数と反比例の関係にあり、数が少ない昆虫では長く、多い昆虫では短い傾向がある。

▸▶▶ 窒素代謝産物は尿酸

マルピギー管のはたらきは、脊椎動物の腎臓のように血液から老廃物を除去し、原尿を産生することである。

昆虫の窒素代謝産物は、おもに尿酸として排出される（例外としてカイコの幼虫は85%が尿素、一部の水棲昆虫はアンモニアの形で排出する）。第４章で見た通り、尿酸の排出にはほとんど水を使わずにすむため、もっとも効率のよい排出物である。血液中の尿酸は、マルピギー管の遠位部からカリウム塩として取り込まれる。

昆虫の尿の量は体内の水分状態により増減する。液体を吸飲するカなどでは、数分から1時間くらいで吸飲した水分の半量近くを排出する。水棲昆虫はたえず水を吸収しているので、浸透圧を調整するために大量の尿を排出する。

昆虫類の尿の産生方式は概して、脊椎動物と非常によく似ている。違っているのは最初の段階で、昆虫は体腔内の血圧が低いので老廃物はエネルギーを使って能動的にマルピギー管内に移されるが、脊椎動物では糸球体の毛細血管の血圧が高いため、濾過という方法でボーマン嚢に移されるという点だけである。

なお、尿酸は多くの昆虫にとって不要な代謝産物であるが、鱗《りん》翅《し》類のモンシロチョウは、翅の白い鱗粉を尿酸からつくっている。昆虫種によっては、尿酸はまだ使い道のある代謝の中間産物なのかもしれない。

5 昆虫類の生殖器系

昆虫の大部分は有性生殖で、卵生である。脊椎動物と比べると、生殖器系の構成や、精子や卵の形成過程はきわめてよく似ていて、ここでも進化の収斂の妙を感じずにはいられない。概観的にいえば、泌尿器系とはまったく接点がないという点が脊椎動物との大きな違いである。ここでは興味深いトピックに絞って紹介したい。

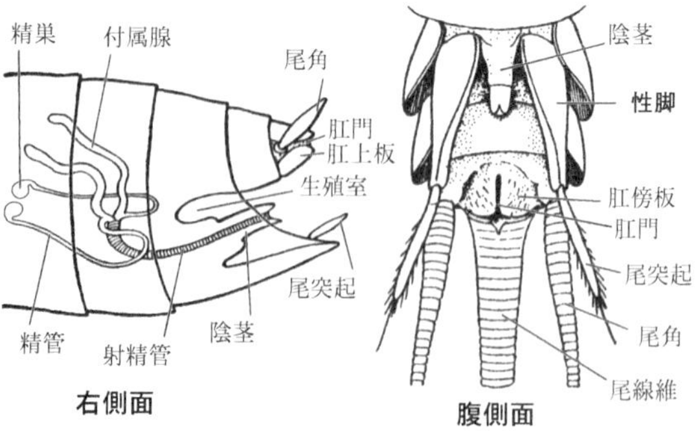

図7-16　**オスの外生殖器**（Snodgrasを改変）
個々の昆虫によって、把握器の形状や名称は異なる。この図の場合は性脚が把握器となる

独特の「把握器」

昆虫のオスの外生殖器は、これも脊椎動物と同様に、基本的には精子をメスの体内に送入するための陰茎が中心となっている。陰茎は射精管が外部に続いたものであり、正中部にある1本の突起である。脊椎動物と違う点は、外生殖器を構成する器官として「把握器」をもっていることである（図7-16）。

把握器とは1対の突出した構造物で、可動性がある。オスはこれを使って、自身の生殖器とメスの生殖器を結合させている。把握器は昆虫種によって変異に富んでいる。

受精嚢による体内受精

昆虫類は原則として交尾による体内受精をするが、受精までの手順は少し変わっている。

オスの精子が射精管から陰茎を通ってメスの膣内に放出されると、メスは精子を「受精嚢」に入れて、ここで貯蔵する。そのあと卵が卵管から膣を経由して受精嚢まで移動してきて、蓄えられていた精子と受精するのである。

オスの射精後、メスの体内に蓄えられた精子で受精する様式は、両棲類のサンショウウオなどと同じである（図5-22参照）。このような生殖形態では、生殖行為と産卵が時間的にずれることになる。

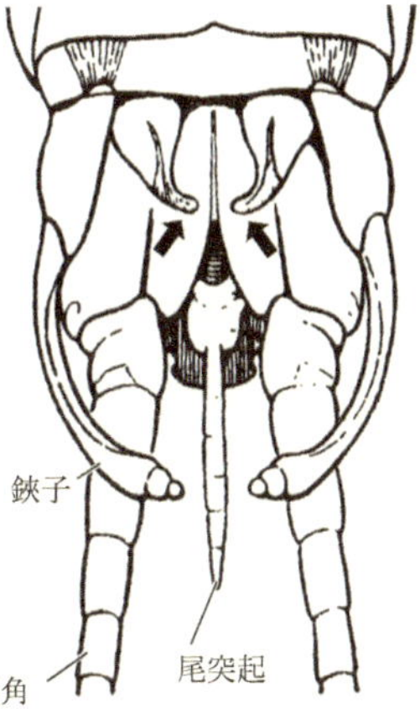

図7-17　２本あるカゲロウ類の陰茎（矢印）
（Snodgrasを改変）

２本の陰茎

通常、昆虫類の陰茎は１本だが、原尾類、カゲロウ類、ハサミムシ類には陰茎が２本ある（図7-17）。

カゲロウ類では、メスも左右の卵管が別個に生殖孔をもっている。したがって、オスはそれぞれに精子を入れる必要があるのだが、交接の際、２本の陰茎がそれぞれの生殖孔に挿入されるのかどうかはわかっていない。

ハサミムシ類は、メスの左右の側方卵管が、生殖孔の直前で１本の総卵管となっている。オスは交接の際、どちらか一方の陰茎だけを使う。せっかく２本の陰茎があるのにもったいないようだが、脊椎動物でも軟骨魚類のエイ（図5-18参照）、あるいはヘビやトカゲの半陰茎（図5-25参照）のように２本の陰茎をもつ動物は、やはりどちらか一方の陰茎のみを使っている。いったい、２本の陰茎をもつことにはどんなメリットがあるのだろうか。

２本のうち、交接に使われなかったほうの陰茎につながっている貯精嚢には、精子が温存される。したがって、すぐにでも別のメスと交接することができる。つまり、２本あるほうが自分の遺伝子を残す機会が増えるということではないだろうか。

逆にトビムシ類（図7-3参照）と双尾類には陰茎がない。これらは体長が数ミリメートルと小さく、原始的な昆虫と考えられている。オスは地上や樹上に精子を膜で包んだ「精包」を放出する。メスは精包を見つけ、それを生殖孔から取り入れる。こうした精包による受精は、脊椎動物では両棲類のイモリと同じである（図5-20、図5-21参照）。

6 昆虫類の内分泌系

昆虫類のホルモンにはさまざまなはたらきがある。１つの内分泌腺からのホルモンが、いくつもの作用をもっていることもある。ホルモンはおもに脱皮、変態、休眠、卵産生を制御していて、昆虫類の生涯はホルモンにコントロールされているといっても過言ではない。

昆虫類の内分泌器官には、中枢神経系にある神経分泌細胞と、「側心体」「アラタ体」「前胸腺」などがある（図7-18）。

神経分泌細胞

神経分泌細胞は、神経細胞の性質と、分泌細胞の性質を併せ持った細胞である。細胞体で産生された物質は、軸索を通って運ばれ、軸索の末端から分泌される。

神経分泌細胞のはたらきは、自分が産生したいろいろな物質を、軸索を通して、標的とする器官に直接届けることである。軸索は長いので、遠くはなれた標的器官にも、いろいろな物質を届けることができる。

神経分泌細胞で産生され、軸索により届けられた物質は、ホルモンをつくる材料になったり、他の内分泌器官に作用してその器官の活動を制御したりしている。

①脳の神経分泌細胞

脳の神経分泌細胞は、いずれも軸索を側心体に伸ばし、一部

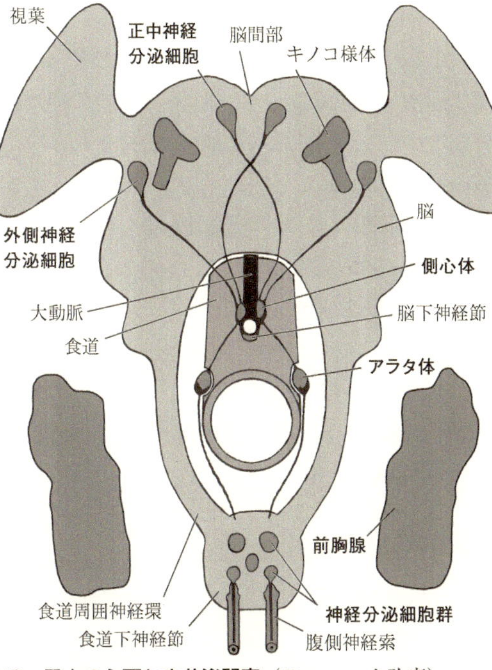

図7-18　**昆虫の主要な内分泌器官**（Chapmanを改変）
脳の神経分泌細胞には、正中線近くの脳間部にある正中神経分泌細胞や、キノコ様体の外方にある外側神経分泌細胞などがある

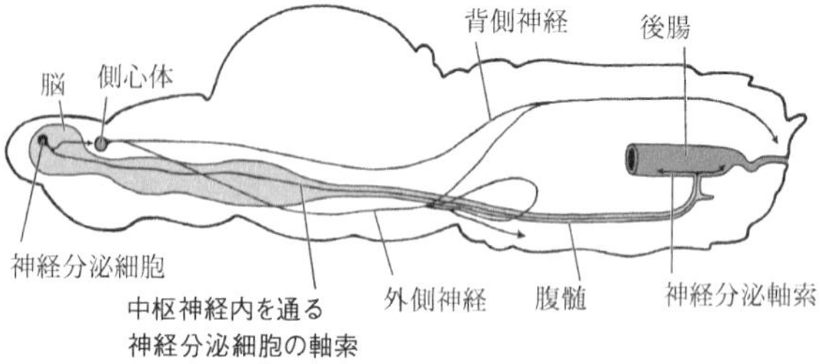

図7-19 アブラムシの脳にある神経分泌細胞の軸索の走行
（Johnsonを改変）
主要な軸索は脳から腹髄、さらに後腸の尾端部にまで達している。軸索の別の枝は脳から側心体、外側神経、背側神経とやはり広い範囲に終止している

はさらにアラタ体に達している。軸索を通って側心体やアラタ体に運ばれた神経分泌細胞の産生物は、そこで蓄えられたり放出されたりする。産生物は多くの場合、特異なホルモンをつくるための原材料となる。

アブラムシは脳に1対の神経分泌細胞をもち、その軸索は非常に広い範囲に分布している（図7-19）。

②脳以外の神経分泌細胞

腹髄の神経節にも多数の神経分泌細胞があり、カイコガなどでは脳よりも神経分泌細胞の数が多い。これらの分泌物は神経節を結合する神経や、末梢神経を通って運ばれ、血液中に分泌されるか、標的器官に直接運ばれる。

▸▶▶ 昆虫の内分泌器官

ホルモンを産生・分泌する、おもな内分泌器官をあげる。

①側心体

側心体は大動脈に接し、ときに大動脈壁に入り込んでいる1対の内分泌器官で（図7-20）、脳の神経分泌細胞の軸索が終止

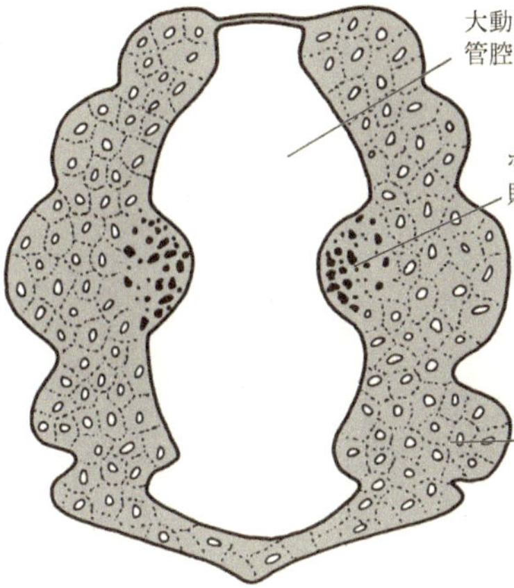

図7-20　**側心体の構造**（Highnamを改変）

し、アラタ体に行く軸索が通過している。脳の神経分泌細胞からのホルモンを貯蔵・放出するはたらきをしているほか、末梢器官に軸索を伸ばす固有の細胞があり、心拍の制御など、いくつかの生理機能をもつホルモンを産生している。

②アラタ体

アラタ体は食道の左右にある１対の内分泌器官である（図7-21、図7-18も参照）。昆虫によっては左右が融合して１個になっている。脳の神経分泌細胞からの軸索により側心体と結合している。また、細い神経が反対側のアラタ体や食道下神経節と結合している。

活動は脳の神経分泌細胞や食道下神経節などによって制御され、「幼若《ようじゃく》ホルモン」を分泌している。これは幼若な形質を維持するホルモンで、変態や、卵への卵黄の蓄積を制御している。

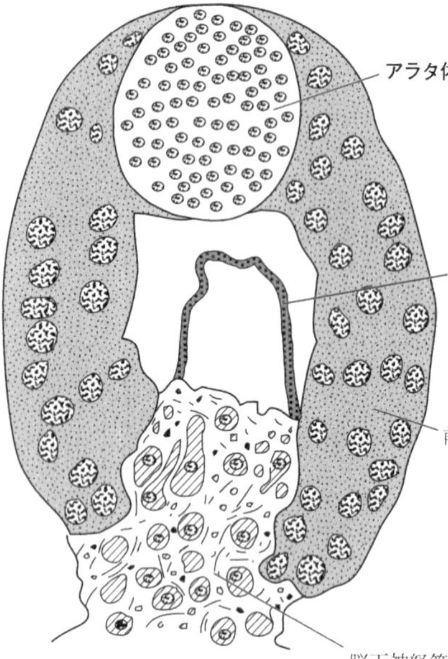

図7-21 **アラタ体の位置**（Cazalを改変）

③前胸腺

「前胸腺」は頭部の後部または胸部にある1対の腺で（図7-18参照)、「エクジソン」という脱皮ホルモンをつくっている。エクジソンは脱皮、蛹化、成虫化に関与している。成虫化への脱皮が終わると、前胸腺は消滅する。

▸➤➤ ホルモンの作用 ❶脱皮と成長

まず、昆虫の成長に特徴的な、幼虫の脱皮に関係するホルモンを見ていく。

昆虫の体は頑丈なクチクラに覆われているので、成長するためには何回かクチクラを脱ぎ捨てて脱皮する必要がある。脱皮が近づくと表皮細胞で新たなクチクラがつくられ、古いクチクラを脱ぎ捨てる。脱ぎ捨てられたクチクラは「脱皮殻」(いわゆる"ヌケガラ")と呼ばれる。新しいクチクラは柔軟性に富んでいるので、硬化するまでの間に成長が進む。

脱皮の回数は、昆虫により決まっている。ナガサキアゲハ類は、孵化してから5回目の脱皮で蛹になり(図7-22)、蛹が脱皮して成虫になる。このように蛹を経て成虫になることを、「完全変態」と呼び、蛹化と成虫化のときに昆虫の体は大きく変貌する。

トノサマバッタは幼虫の間に5回脱皮する(図7-23)。この間は幼虫の形態に大きな変化はない。そして6回目の脱皮で成虫になる。成虫になるときも翅原基が翅になる以外に、大きな変化はない。このように幼虫と形態が似たまま成虫になることを「不完全変態」と呼ぶ。

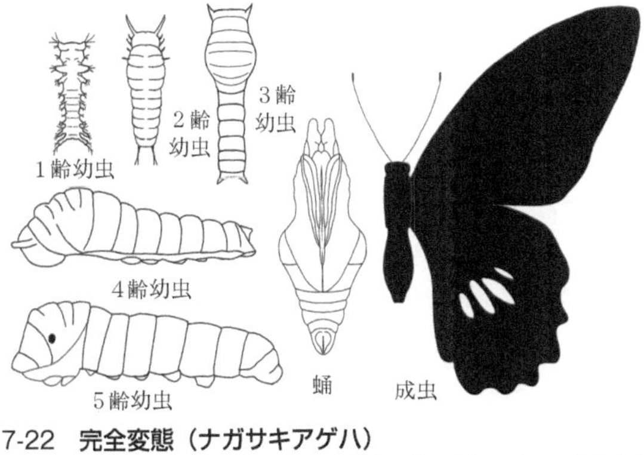

図7-22 完全変態(ナガサキアゲハ)
ナガサキアゲハは孵化してから5回目の脱皮で蛹になり、次いで幼虫とはまったく違う形態の成虫となる

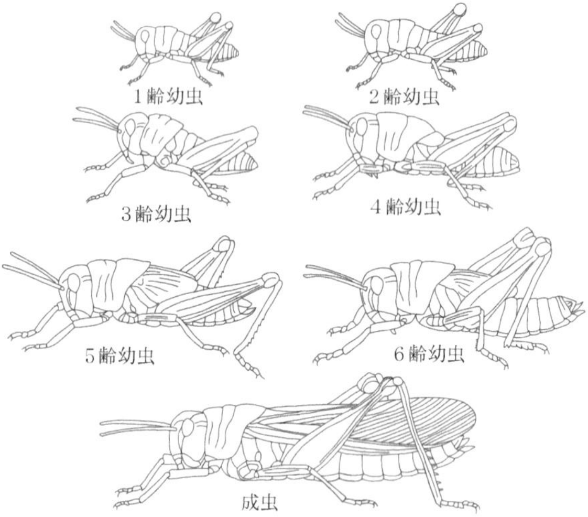

図7-23　**不完全変態（トノサマバッタ）**
トノサマバッタは孵化してから６回目の脱皮で成虫になる。その形態は幼虫のときとほとんど変わらない

①脱皮を制御するホルモン

脱皮を誘導するのはホルモンである。脳の神経分泌細胞から前胸腺刺激ホルモンが分泌されて前胸腺が活性化され、エクジソンが分泌される。さらにアラタ体からは幼若ホルモンが分泌される。幼虫の脱皮はこの両ホルモンの共同作用によりコントロールされている。エクジソンは脱皮に際して絶対に必要で、これがなければ脱皮は起こらない。

エクジソンは平時から定常レベルが分泌されていて、新しいクチクラの形成を促進している。クチクラの準備ができると、脳の神経分泌細胞が刺激され、前胸腺に指令が送られてエクジソンが大量に分泌され、脱皮が始まる。

ナンキンムシは幼虫の各齢期に、１回だけ大量の血液を吸飲

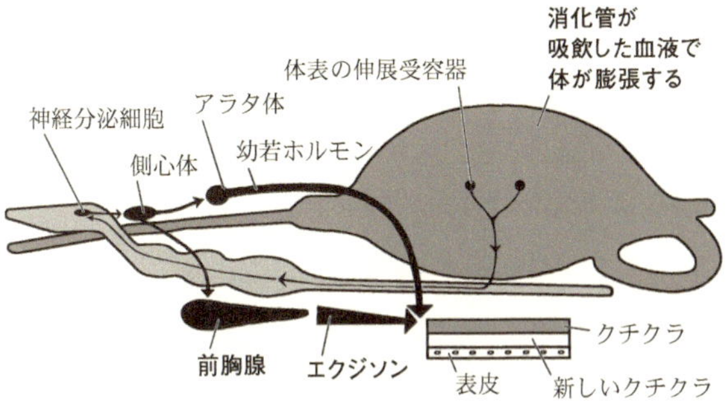

図7-24　ナンキンムシの脱皮（Chapmanを改変）
大量の血液を吸飲して腹部が大きく拡張すると、その刺激で脱皮が始まる

する。このため腹部は大きく拡張する（図7-24）。これによって腹壁の受容体が刺激され、その情報が脳の神経分泌細胞に伝えられる。情報を受けた神経分泌細胞は、「エクジシオトロピン」あるいは前胸腺刺激ホルモンを分泌する。エクジシオトロピンは前胸腺を刺激するので、エクジソンが分泌され、脱皮が始まる。

エクジソンは「エクジステロイド」というステロイドからつくられる。昆虫はステロイドを合成できないので、ステロイドのもととなるステロールは昆虫にとって必須の食物である。

エクジソンとともに脱皮を制御するアラタ体の幼若ホルモンは、幼若な形態を保持するはたらきがある。幼虫が脱皮したときに体の形があまり変わらないのは、このためである。

②蛹化と成虫化を制御するホルモン

最終齢の幼虫になると、アラタ体は幼若ホルモンの分泌を止め、前胸腺刺激ホルモンのみに誘導されて蛹化が始まる。幼若ホルモンが分泌されないため、幼虫の形態は大きく変貌する。

蛹が成虫になる際には「成虫化ホルモン」が分泌され、エクジソンとの共同作用により成虫化が進行する。

変態に関わるホルモンには、発育のある特定の時期にのみ分泌され、それ以外の時期は分泌されないという特徴がある。

▶▶▶ ホルモンの作用 ❷休眠

休眠とは、卵や幼虫が一時的に発育を停止することである。寒冷などの特定条件下で起こる休眠と、生活史に組み込まれた休眠とがある。ホルモンの面から見ると、休眠は脳のホルモン活性の欠如により生ずる現象である。

①卵休眠

卵をもったメスには、温度や日照時間が影響して「卵休眠」が起こり、長期間、孵化しないままでいる卵が生まれる。

カイコには1年で1世代を経過する1化性カイコ、2世代を経過する2化性カイコ、多世代を繰り返す多化性カイコがある。1化性カイコの成虫は、必ず「休眠卵」を産む。これは、温度が低下したり、日照時間が短くなったりすると、卵をもったメスの食道下神経節から休眠ホルモンが分泌されるためである。このホルモンは卵巣への血糖の透過を促進する。すると、卵は多くのグリコーゲンをもつことになり、長い間、卵のままで留まることができる。食道下神経節が興奮しなければ卵には少ししかグリコーゲンが入らないので、早く孵化する。

②幼虫休眠

「幼虫休眠」はニカメイガなどで見られる幼虫の休眠である。幼虫のどの段階で休眠するかは昆虫種により決まっていて、ニカメイガは最終齢の幼虫で休眠する。

休眠の間、アラタ体からは休眠を誘導するようなホルモンが分泌される。これにより脳の神経分泌細胞のはたらきが抑制され、脳の影響下にある前胸腺からエクジソンが分泌されなくなるため、幼虫の成長は停止することになる。

③蛹休眠

セクロピアサンというガなどでは、低温環境におかれたときに「蛹休眠」という現象が見られる。このとき、脳の神経分泌細胞は活動を停止して前胸腺が活性化されないため、エクジソンが分泌されず、蛹は羽化することができない。セクロピアサンの場合、低温に一定期間さらしたあと高温の環境に移すと、脳の神経分泌細胞が活動を開始し、前胸腺からエクジソンが分泌されて休眠が破れ、羽化する。越冬した蛹が春になると羽化するのは、この機構によっている。

ホルモンの作用 ❸生殖

卵の成熟、精包の形成など、生殖のいくつかの過程はホルモンに制御される。昆虫種によっては、性行動や性フェロモンの産生などもホルモンの制御下にあることが知られている。

①卵の成熟

卵の成熟はアラタ体により制御されている。蛹や成虫への変態のときに活動を一時休止したアラタ体は、卵が形成されると脳の神経分泌細胞に刺激され、ホルモン分泌を再開する。

アラタ体ホルモンは卵などを直接刺激して、卵黄を蓄積するよう促進する。卵黄の蓄積が十分になると、アラタ体の活動は低下する。

②精包の形成

トビムシ類や双尾類は前述したように陰茎をもたず、精包によって精子の授受が行われる。オスの付属腺における精包の産生は、アラタ体によりコントロールされている。

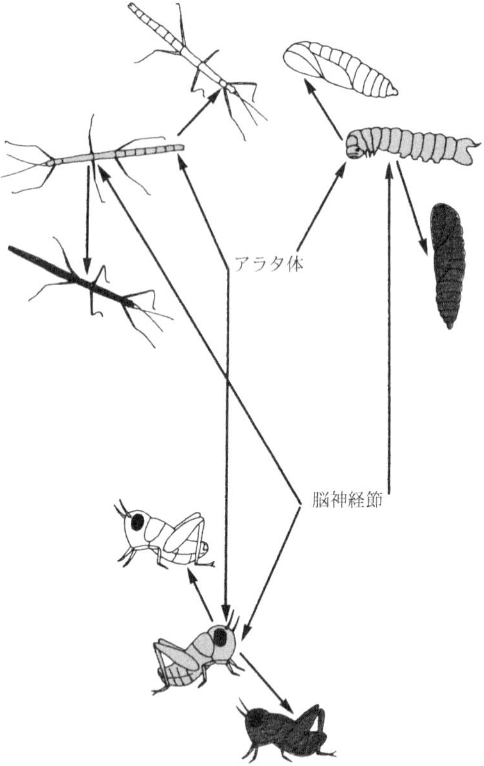

図7-25　**昆虫の体色の変化**（Raabeを改変）
アラタ体が作用すると、薄い色に変わる。脳神経節からのホルモンが作用すると、暗い色に変わる

ホルモンの作用 ❹体色の変化

昆虫類には保護色、つまり背景にマッチした色に体色を変えるものがいる。昆虫の体色は概ね、クチクラや表皮細胞の色素によって決まる。クチクラに含まれる代表的な色素は黒、茶、

黄のメラニンで、表皮細胞の色素は胆汁色素、黄やオレンジの「カロテノイド」、暗い色の「オモクローム」などである。体色を背景に合わせる際には、多くの場合、複眼が大きな役割を果たしている。

この体色の変化にも、ホルモンが影響している。

①バッタの体色

バッタの体色の場合、おもに緑にはアラタ体のホルモンが、黒には脳のホルモンが関与している（図7-25）。

緑は「テトラピロール」という色素によるもので、アラタ体のはたらきで合成される。アラタ体を移植すると、24時間以内に血液が黄から緑に変わる。皮膚の変色は２段階で進行し、まずメラニンを追い出し、そのあと胆汁色素を合成する。緑を維持するのもアラタ体のはたらきである。

黒い色素は脳のホルモンにより、メラニンやオモクロームが産生されることによる。バッタでは、脳間部のほかに側心体にも体色を暗い色にする要素が含まれている。

②鱗翅類の体色

蛹や、一部の幼虫も体色の変化を起こす。これには光、背景、温度、食餌などが影響している。秋に緑から褐色に変化するときは、表皮の胆汁色素がオモクロームに置き換わる。春になって幼虫が木に登り、蛹になるときは、秋とは逆の変化が起きる。

脱皮、変態、休眠のみならず体色まで、昆虫とはまさに、ホルモンに支配されている動物なのである。

おわりに

「はじめに」でも述べたように、内臓とは統一性のない5つの器官系を西欧諸国の慣例にもとづいて一括したものなのだが、内臓に内分泌系が含まれていることが、問題をより複雑にしている。

たとえば、そのほかの器官系は形態学的に少なくとも1ヵ所で外界に通じている。ヒトならば呼吸器系は外鼻孔で、消化器系は口と肛門で、泌尿器系は外尿道口で、そして生殖器系は外尿道口または膣口で外に開いている。ところが、内分泌系だけは閉じた器官系である。体内に占める大きさも、ほかの器官系に比べると、甲状腺にしても副腎にしても、内分泌系の器官は実に小さい。

機能面を見ると、さらに異質さが際立つ。内分泌系は、神経系と並んで呼吸器系や消化器系などのはたらきをコントロールする器官系である。コントロールする側の器官系と、コントロールされる側の器官系とを一括して内臓としているのである。

内分泌系が含まれるために、内臓はなおいっそう、まとまりがないという印象が強くなってしまうのである。

だが、まとまりのない内臓学にしかならないのではないかという当初の危惧は、「進化」という視点を導入したことで、ある程度は払拭されたのではないかと思っている。

たとえば、泌尿器系と生殖器系はかつて、尿と精子の輸送をめぐってウォルフ管を奪い合い、魚類の呼吸器系で鼻嚢が上気道を形成する際には、消化器系が手助けをしていた。内分泌系では、甲状腺や鰓性器官などは、消化器系の咽頭から分化してきたものである。現在の私たちには一見つながりがなく映る器官系の間にも、進化の過程では密接な関係があったのである。

こうした各器官系のからみあいを前面に出すことにより、何とかまとまりをもった内臓学にすることができたのではないかと思う。

一方で、私たち脊椎動物とは、まったく別個の道をたどって進化してきた昆虫の内臓が、私たちの内臓とどう違っているのかということにも、興味があった。結果的には、呼吸器系については脊椎動物とは違う独特の気管呼吸をしているものの、消化器系、生殖器系、泌尿器系、内分泌系は、きわめてよく似たしくみになっていた。動物の体というものは、どのように進化しようと、終局的に到達するところは同じなのかもしれない。

本書の作成に際し、多くの文献を参考にさせていただいた。すべての著者の皆様に厚く御礼申し上げる。市原淳子さんには文章の表記や内容について多くのご助言、ご指導をいただいた。本書を出版することができたのは、山岸浩史氏をはじめとする講談社ブルーバックス出版部の皆様のご尽力によるものである。厚く御礼申し上げる。

2014年1月

岩堀修明

参考文献（著者、監修者、編者の五十音順、abc順）

池田嘉平 稲葉明彦：日本動物解剖図説　森北出版 1971.
石井象二郎：昆虫生理学　培風館 1982.
岩井保：魚学入門　恒星社厚生閣 2005.
内田亨 山田真弓 他：動物系統分類学 巻1～10　中山書店 1962～1999.
奥野良之助：魚　陸に上がる　創元社 1989.
加藤嘉太郎：家畜比較解剖図説（上・下）　養賢堂 1974.
金子丑之助：日本人体解剖学 巻2 内臓学　南山堂 1982.
末広恭雄：魚類学　岩波書店 1966.
瀬戸口孝夫：組織学実習　南山堂 1979.
西成甫：比較解剖学　岡書院 1929.
波部忠重 奥谷喬司 西脇三郎編：軟体動物学概説（上・下）　サイエンティスト社 1994～1999.
藤田恒太郎：人体解剖学　南江堂 1993.
真島英信：生理学　文光堂 1988.
松原喜代松 落合　明 岩井　保：魚類学（上・下）　恒星社厚生閣 1965.
素木得一：基礎昆虫学　北隆館 1966.
養老孟司：分担解剖学 巻3 内臓学　金原出版 1982.
Atwood, W. H.: Comparative anatomy, Mosby, 1955.
Barnes, R. S. K., P. Calow, P. J. W. Olive, D. W. Golding & J. I. Spicer: The invertebrates: a synthesis, Wiley-Blackwell, 2001.（本川達雄監訳：図説無脊椎動物学　朝倉書店　2009）
Bentley, P. J.: Comparative vertebrate endocrinology, Cambridge University Press, 1998.
Blum, M. S.: Fundamentals of insect physiology, John Wiley & Sons, 1985.
Bolk, J., E. Göppert, E. Kallius & W. Lubosch: Handbuch der vergleichenden Anatomie der Wirbeltiere, Bd. 3～6, Urban & Schwarzenberg, 1931.
Bond, C. E.: Biology of fishes, Saunders, 1979.
Bradley, T. J.: Animal osmoregulation, Oxford University Press, 2009.
Brodal, A., & R. Fänge: The biology of myxine, Univeresitetsforlaget, 1963.
Brown, J. A., R. J. Balment & J. C. Rankin: New insights in vertebrate kidney function, Cambridge University Press, 1993.
Carrier, J. C., J. A. Musick & M. R. Heithaus: Biology of sharks and their relatives, CRC Press, 2004.
Chapman, R. F.: The insects, structure and function, Cambridge University Press, 1991.
Chester-Jones, I., P. M. Ingleton & J. G. Phillips: Fundamentals of comparative vertebrate endocrinology, Plenum, 1987.
Comstock, J. H.: An introduction to entomology, Cornell University Press, 1924.
Davenport, H. W.: Physiology of the digestive tract, Year Book Medical Publisheres, 1982.
DeCoursey, R. M.: Human organism,. McGraw-Hill, 1961.
Ditrich, H.: Renal structure and function in vertebrates, Science Publishers, 2005.
Duellman, W. E., & L. Trueb: Biology of amphibians, John Hopkins University Press, 1986.
Dyce, K. M., W.O. Sack & C. J. G. Wensing: Textbook of veterinary anatomy. Saunders, 1987.（山内昭二 杉村誠 西田隆雄監訳：獣医解剖学　近代出版

1998）．
Eaton, T. H.: Comparative anatomy of the vertebrates, Harper, 1951.
Feneis, H.: Anatomisches Bildwöterbuch der internationalen Nomenklatur, Georg Thieme, 1982.（山田英智監訳 石川春律 廣澤一成ほか訳：図解解剖学事典 医学書院 2013）．
Fukada, H.: Snake life history in Kyoto, Impact Shuppankai, 1992.
Ganong, W. F.: Review of medical physiology, McGraw-Hill, 2005.
Garven, H. S. D.: Student's histology, Livingstone, 1965.
Gegenbaur, C.: Vergleichende Anatomie der Wirbelthiere, Engelmann, 1898.
Giersberg, H., & P. Rietschel: Vergleichende Anatomie der Wirbelthiere, Bd 2, Gustav Fischer, 1986.
Goodrich, E. S.: Studies on the structure and development of vertebrates, Dover, 1958.
Grimaldi, D. & M. S. Engel: Evolution of the insects, Cambridge Univeresity Press, 2005.
Grollman, S.: The human body, MacMillan, 1964.
Guyton, A. C.: Basic human physiology, Saunders, 1977.（内薗耕二 入来正躬監訳：人体生理学 廣川書店 1976）．
Hamilton, W. J. & H. W. Mossman: Human embryology, Williams & Wilkins, 1978.
Hardisty, M. W., & I. C. Potterr: Biology of lampreys, Vol. 1～5, Academic Press, 1971.
Hardisty, M. W.: Biology of the cyclostomes, Chapman and Hall, 1979.
Herring, P.: The biology of the deep ocean, Oxford University Press, 2001.（沖山宗雄訳：深海の生物学 東海大学出版会 2006）
Hertwig, R.: Lehrbuch der Zoologie, Gustav Fischer, 1922.
Hildebrand, M.: Analysis of vertebrate structure, John Wiley & Sons, 1995.
Jameson, E. W.: Vertebrate reproduction, John Wiley & Sons, 1988.
Jϕrgensen, J. M., J. P. Lomholt, R. E. Weber & H. Malte: The biology of hagfishes, Springer, 1998.
Kaestner, A.: Invertebrate zoology, Vol. 1～3, Huntington, 1980.
Kahle, W., H. Leonhardt & W. Platzer: Taschenatlas der Anatomie, Goerg Thieme, 1986.（越智淳三訳：解剖学アトラス 文光堂 1990）．
Kardong, K. V.: Vertebrates, comparative anatomy, function, evolution, McGraw Hill, 2006.
Kent, G. C.: Comparative anatomy of the vertebrates, Mosby, 1992.
King, A. S., & J. McLelland: Form and function in birds, Vol. 1～4, Academic Press, 1989.
Kingsley, J. S.: Comparative anatomy of vertebrates, Blakiston's Son, 1912.
Kluge, A. G.: Chordate structure and function, Macmillan, 1977.
Kopsch, F.: Lehrbuch und Atlas der Anatomie des Menschen, Bd. 4, Goerg Thieme, 1929.
Kühn, A.: Grundriss der allgemeinen Zoologie, Georg Thieme, 1931.
Langman, J.: Medical embryology, Williams & Wilkins, 1975.（沢野十蔵訳：人体発生学 医歯薬出版 1987）
Marshall, N. B.: Developments in deep-sea biology, Blandford Press, 1979.
Maximow, A. A., & W. Bloom: A textbook of histology, Saunders, 1957.
Mitchell, G. A. G., & E. L. Patterson: Basic anatomy, Livingstone, 1967.
Montagna, W.: Comparative anatomy, John Wiley & Sons, 1959.

Moore, K. L.: The developing human, Saunders, 1977.
Nilsson, G. E.: Respiratory physiology of vertebrates, Cambridge University Press, 2010.
Noble, G. K.: The biology of the amphibia, Dover, 1954.
Norman, J. R.: A history of fishes, Ernest Benn Lmited, 1963.
Norris, D. O.: Vertebrate endocrinology, Academic Press, 1960.
Parker, J. T., & W. A. Haswell: Text-book of zoology, Vol. 1 & 2, Macmillan 1897.
Patten, B. M.: Human embryology, McGraw-Hill, 1953.
Pocock, G., & C. D. Richards: Human physiology, Oxford University Press, 2004.（岡野栄之・植村慶一監訳：オックスフォード生理学　丸善　2009）
Portmann, S.: Einführung in die vergleichende Morphologie der Wirbeltiere, Schwabe, 1976.
Riegel, J. A.: Comparative physiology of renal excretion, Hafner, 1972.
Romer, A.: The vertebrate story, Uiversity of Chicago Press, 1959.（川島誠一郎訳：脊椎動物の歴史　どうぶつ社　1981）.
Romer, A. S., & T. S. Parsons: Vertebrate body, Saunders, 1978.
Roper, N.: Man's anatomy, physiology, health and environment, Churchill Livingstone, 1973.
Ross, H. H., C. A. Ross & J. R. P. Ross: Textbook of entomology, John Wiley & Sons, 1982.
Sadleir, R. M. F. S.: The reproduction of vertebrates, Academic Press, 1973.
Schmidt-Nielsen, K.: Animal physiology, Camridge University Press, 1997.
Sedgwich, A.: A student's text-book of zoology, Vol. 1～3, Swan Sonneschein and Co., 1905.
Silbernagl, S. & A. Despopoulos: Taschenatlas der Physiologie, Georg Thieme, 1988.（福原武彦 入来正躬訳：生理学アトラス　文光堂　1982）
Smith, H. M.: Evolution of chordate structure, Holt, Rinehart and Winston, 1960.
Snodgrass, R. E.: Principles of insect morphology, Cornell University Press, 1935.
Spalteholz, W. & R. Spanner: Handatlas der Anatomie des Menschen, Scheltema & Holkema, 1959.
Starck, D.: Vergleichende Anatomie der Wirbeltiere, Bd. 3, Springer, 1982.
Staubesand, J.: Sobotta, atlas der Anatomie des Menschen, Urban & Schwarzenberg, 1988.（岡本道雄訳：Sobotta 図説 人体解剖学　医学書院　2002～2006）
Stevens, C. E., & I. D. Hume: Comparative physiology of the vertebrate digestive system, Cambridge University Press, 1995.
Tienhoven, A. V.: Reproductive physiology of vertebrates, Cornell University Press, 1983.
Wang, H.: Outline of human embryology, William Heinemann, 1968.
Waterman, A. J.: Chordate structure and function, Macmillan, 1971.
Weichert, C. K.: Anatomy of the chordates, McGraw-Hill, 1970.
Wendt, H.: Das Liebesleben in der Tierwelt, Rowohlt Verlag, 1994（今泉みね子訳：動物の性生活　博品社　1994）
Wiedersheim, R.: Vergleichende Anatomie der Wirbeltiere, Gustav Fischer, 1909.
Wigglesworth, V. B.: The principles of insect physiology, Chapman and Hall, 1965.
Wolff, R. G.: Functional chordate anatomy, Heath and Company, 1991.
Wood, S. C., & C. Lenfant: Evolution of respiratory processes, Marcel Dekker, 1979.

さくいん

【あ行】

【か行】

【さ行】

【は行】

【ま行】

【や行】

【ら行】

【ギリシャ文字、アルファベット】

N.D.C.491.1　284p　18cm

ブルーバックス　B-1853

図解《ずかい》・内臓《ないぞう》の進化《しんか》
形と機能に刻まれた激動の歴史

2014年 2 月20日　第 1 刷発行
2024年 6 月 7 日　第 7 刷発行

著者　岩堀修明《いわほりのぶはる》
発行者　森田浩章
発行所　株式会社講談社
〒112-8001 東京都文京区音羽2-12-21
電話　出版　03-5395-3524
販売　03-5395-4415
業務　03-5395-3615
印刷所　（本文表紙印刷）株式会社ＫＰＳプロダクツ
（カバー印刷）信毎書籍印刷株式会社
製本所　株式会社ＫＰＳプロダクツ

ISBN978-4-06-257853-0

発刊のことば

科学をあなたのポケットに

二十世紀最大の特色は、それが科学時代であるということです。科学は日に日に進歩を続け、止まるところを知りません。ひと昔前の夢物語もどんどん現実化しており、今やわれわれの生活のすべてが、科学によってゆり動かされているといっても過言ではないでしょう。

そのような背景を考えれば、学者や学生はもちろん、産業人も、セールスマンも、ジャーナリストも、家庭の主婦も、みんなが科学を知らなければ、時代の流れに逆らうことになるでしょう。

ブルーバックス発刊の意義と必然性はそこにあります。このシリーズは、読む人に科学的に物を考える習慣と、科学的に物を見る目を養っていただくことを最大の目標にしています。そのためには、単に原理や法則の解説に終始するのではなくて、政治や経済など、社会科学や人文科学にも関連させて、広い視野から問題を追究していきます。科学はむずかしいという先入観を改める表現と構成、それも類書にないブルーバックスの特色であると信じます。

一九六三年九月　　野間省一

ブルーバックス　生物学関係書（I）

1073 へんな虫はすごい虫　安富和男
1176 考える血管　児玉龍彦／浜窪隆雄
1341 食べ物としての動物たち　伊藤 宏
1391 ミトコンドリア・ミステリー　林 純一
1410 新しい発生生物学　木下 圭／浅島 誠
1427 筋肉はふしぎ　杉 晴夫
1439 味のなんでも小事典　日本味と匂学会＝編
1472 DNA（上）ジェームス・D・ワトソン／アンドリュー・ベリー　青木 薫＝訳
1473 DNA（下）ジェームス・D・ワトソン／アンドリュー・ベリー　青木 薫＝訳
1474 クイズ　植物入門　田中 修
1507 新しい高校生物の教科書　栃内 新／左巻健男＝編著
1528 新・細胞を読む　山科正平
1537 「退化」の進化学　犬塚則久
1538 進化しすぎた脳　池谷裕二
1565 これでナットク！　植物の謎　日本植物生理学会＝編
1592 発展コラム式　中学理科の教科書　第2分野（生物・地球・宇宙）　石渡正志／滝川洋二＝編
1612 光合成とはなにか　園池公毅
1626 進化から見た病気　栃内 新
1637 分子進化のほぼ中立説　太田朋子
1647 インフルエンザ　パンデミック　河岡義裕／堀本研子

1662 老化はなぜ進むのか　近藤祥司
1670 森が消えれば海も死ぬ　第2版　松永勝彦
1681 マンガ　統計学入門　アイリーン・マグネロ＝文　ボリン・V・ルーン＝絵　神永正博＝監訳　井口耕二＝訳
1712 図解　感覚器の進化　岩堀修明
1725 魚の行動習性を利用する釣り入門　川村軍蔵
1727 iPS細胞とはなにか　朝日新聞大阪本社科学医療グループ
1730 たんぱく質入門　武村政春
1792 二重らせん　ジェームス・D・ワトソン　江上不二夫／中村桂子＝訳
1800 ゲノムが語る生命像　本庶 佑
1801 新しいウイルス入門　武村政春
1821 これでナットク！　植物の謎Part2　日本植物生理学会＝編
1829 エピゲノムと生命　太田邦史
1842 記憶のしくみ（上）　ラリー・R・スクワイア／エリック・R・カンデル　小西史朗／桐野 豊＝監修
1843 記憶のしくみ（下）　ラリー・R・スクワイア／エリック・R・カンデル　小西史朗／桐野 豊＝監修
1844 死なないやつら　長沼 毅
1849 分子からみた生物進化　宮田 隆
1853 図解　内臓の進化　岩堀修明

ブルーバックス　生物学関係書（Ⅱ）

1861 発展コラム式　中学理科の教科書　改訂版　生物・地球・宇宙編　石渡正志／滝川洋二＝編
1872 マンガ　生物学に強くなる　堂嶋大輔＝作／渡邉雄一郎＝監修
1874 もの忘れの脳科学　苧阪満里子
1875 カラー図解　アメリカ版　大学生物学の教科書　第4巻　進化生物学　D・サダヴァ他／石崎泰樹／斎藤成也＝監訳
1876 カラー図解　アメリカ版　大学生物学の教科書　第5巻　生態学　D・サダヴァ他／石崎泰樹／斎藤成也＝監訳
1889 社会脳からみた認知症　伊古田俊夫
1898 哺乳類誕生　乳の獲得と進化の謎　酒井仙吉
1902 巨大ウイルスと第4のドメイン　武村政春
1923 コミュ障　動物性を失った人類　正高信男
1929 心臓の力　柿沼由彦
1943 神経とシナプスの科学　杉　晴夫
1944 細胞の中の分子生物学　森　和俊
1945 芸術脳の科学　塚田　稔
1964 脳からみた自閉症　大隅典子
1990 カラー図解　進化の教科書　第1巻　進化の歴史　カール・ジンマー／ダグラス・J・エムレン／更科　功／石川牧子／国友良樹＝訳
1991 カラー図解　進化の教科書　第2巻　進化の理論　カール・ジンマー／ダグラス・J・エムレン／更科　功／石川牧子／国友良樹＝訳
1992 カラー図解　進化の教科書　第3巻　系統樹や生態から見た進化　カール・ジンマー／ダグラス・J・エムレン／更科　功／石川牧子／国友良樹＝訳
2010 生物はウイルスが進化させた　武村政春
2018 カラー図解　古生物たちのふしぎな世界　土屋　健／田中源吾＝協力
2034 DNAの98％は謎　小林武彦
2037 我々はなぜ我々だけなのか　川端裕人／海部陽介＝監修
2070 筋肉は本当にすごい　杉　晴夫
2088 植物たちの戦争　日本植物病理学会＝編著
2095 深海——極限の世界　藤倉克則・木村純一＝編著／海洋研究開発機構＝協力
2099 王家の遺伝子　石浦章一
2103 我々は生命を創れるのか　藤崎慎吾
2106 うんち学入門　増田隆一
2108 DNA鑑定　梅津和夫
2109 免疫の守護者　制御性T細胞とはなにか　坂口志文／塚崎朝子
2112 カラー図解　人体誕生　山科正平
2119 免疫力を強くする　宮坂昌之
2125 進化のからくり　千葉　聡
2136 生命はデジタルでできている　田口善弘
2146 ゲノム編集とはなにか　山本　卓
2154 細胞とはなんだろう　武村政春